Dr. Cornelia Meyer

Quereinstieg leicht gemacht: Chemie

Erste Hilfe bei Didaktik, Methodik und Unterrichtsplanung

PERSEN

Die Autorin

Dr. Cornelia Meyer studierte Chemie und Mineralogie und promovierte auf dem Gebiet der Planetologie. 2012 gründete sie die Horizontereignis gUG und ist für diese an zahlreichen Schulen verschiedenster Art lehrend tätig. 2015 wagte sie daraus den Quereinstieg und arbeitet seitdem als Lehrerin für Chemie und Mathematik an der Comenius-Schule in Berlin mit Förderschwerpunkt Autismus. Nebenbei ist sie gefragt als Fortbildungsleiterin für naturwissenschaftlichen Unterricht und arbeitet als Schulberaterin für Chemie und als Schulentwicklungsberaterin.

Gedruckt auf umweltbewusst gefertigtem, chlorfrei gebleichtem und alterungsbeständigem Papier.

1. Auflage 2019

Covergrafik: © mast3r - stock.adobe.com
Satz: Satzpunkt Ursula Ewert GmbH, Bayreuth

ISBN: 978-3-403-20438-1

www.persen.de

Inhalt

Vorwort

Im Fachbereich Naturwissenschaften wartet ein kleines aber erfahrenes Kollegium auf Ihren Enthusiasmus und Tatendrang.

Als Quereinsteiger aus der Praxis verstehen Sie sich sowohl auf Chemie als schließlich auch auf die Kunst des Unterrichtens.

Sie kennen bereits die Unterrichtsräume, haben sich einen Überblick über das Arbeitsmaterial verschafft, und einem regenbogenfarbenchromatografierten Referendariat steht nichts mehr im Wege.

Das ist zwar nicht immer falsch, aber auch nicht immer richtig.

Stellen Sie sich einen engen schlammigen Pfad vor, der Sie bei Dunkelheit und Regen durch den dichten Wald führt.
■ siehe Kapitel 1.3: *Wie reagieren Schulen auf Quereinsteiger?*

Hin und wieder schlägt Ihnen unerwartet ein Ast ins Gesicht und Sie stolpern über eine Wurzel.
■ siehe Kapitel 2.3: *Wenn die Schule kein Material hat*

Mit Sicherheit landen Sie auch im Dreck.
■ siehe Kapitel 8: *Und wenn mal alles nicht so läuft, wie es soll …*

Mancher Einstieg verläuft also nicht immer plangemäß, und damit stehen Sie nicht allein da!

Dr. Cornelia Meyer möchte Ihnen in diesem Buch zeigen, dass es Rat zur Tat auf dem nicht immer einfachen Weg in den Quereinstieg zum Chemielehrer[1] gibt, und scheut dabei nicht den Blick auf die Realität.

Dabei bietet sie Unterstützung vom kleinen Handwerkszeug wie der Unterrichtsplanung und didaktischen Aufbereitung bis hin zu konkreten Fallbeispielen, Verknüpfungen zu verschiedenen Förderschwerpunkten wie auch selbstreflexionsbasierten Methoden, um schwierige Unterrichtssituationen aufzulösen.

Ich wünsche viel Freude und Erkenntnis bei der Lektüre dieses stets wiederverwendbaren Ratgebers zum Quereinstieg.

Henrik Thoms

Wissenschaftspädagoge, Horizontereignis gUG

[1] Wegen der besseren Lesbarkeit wird in diesem Band die verallgemeinernde Form verwendet. Selbstverständlich sind auch alle Chemikerinnen, Quereinsteigerinnen etc. gemeint.

1 Einleitung – Herausforderung: vom Chemiker zum Chemielehrer

„Theorie und Experiment, sie gehören zusammen, eines ohne das andere bleibt unfruchtbar. Theorien ohne Experimente sind leer, Experimente ohne Theorie sind blind.“ (Max Planck)

1.1 Warum in den Quereinstieg?

Was sind eigentlich Quereinsteiger? Als Quereinsteiger werden ganz allgemein Menschen bezeichnet, die einen Beruf gelernt und meist auch ausgeübt haben, doch diesen Beruf nun wechseln wollen.

Es gibt viele verschiedene Gründe, warum sich jemand dazu entscheidet, einen Quereinstieg zu wagen. Die häufigsten Gründe für einen Quereinstieg im Allgemeinen sind dabei:

- die Arbeit macht keinen Spaß mehr
- die Arbeit unterfordert oder überfordert
- die Arbeit ist nicht mit dem Privatleben zu vereinbaren
- die Zukunftsaussichten im derzeitigen Job sind sehr unsicher oder unbefriedigend
- äußere Umstände
- ...

Bei Menschen, die sich für einen Quereinstieg ins Lehramt entscheiden, kommen meist noch weitere Gründe hinzu:

- Aussicht auf kreatives Arbeiten mit Abwechslung und Spaß
- der lockende Einstieg in einen sicheren, annähernd unkündbaren Job
- familienfreundliche Arbeitszeiten und Ferien
- sinnerfüllende Tätigkeiten
- ...

Zusammenfassend kann man sagen: Die meisten Quereinsteiger erhoffen sich durch den Berufswechsel eine deutliche Verbesserung ihrer derzeitigen Arbeitssituation. Studien der Bertelsmann Stiftung[2] zeigen jedoch, dass quereinsteigende Lehrer oft an Brennpunktschulen platziert werden. „Je mehr Kinder aus einkommensschwachen Haushalten [...] eine Schule besuchen, desto höher ist der Anteil an Quereinsteigern [...].“ Das Arbeiten mit bildungsfernem Klientel, sozio-emotionalen Beeinträchtigungen u. v. m. ist vom ersten Schultag an für viele Quereinsteiger Realität und die eigene Vorstellung von sich als Superlehrer muss bereits in den ersten Schulwochen neu überdacht werden.

1.2 Vorbereitung auf den Quereinstieg

Wenn Sie noch nicht ins kalte Wasser gesprungen sind und erst mit dem Gedanken eines Quereinstiegs spielen, dann sollten Sie die Chance ergreifen, sich erst einmal gut darauf vorzubereiten und ihren Quereinstieg zu planen. Hier ein paar Tipps zur Vorbereitung:

- Im Internet finden Sie reichlich qualifizierte Tests zur eigenen Lehrereignung, von denen Sie zum Teil auch ein sehr detailliertes Feedback erhalten.
- Fragen Sie Freunde und Bekannte, ob sich diese Sie als Lehrer vorstellen können. Lassen Sie sich Hinweise geben, was Sie ggf. an sich verändern müssten. Nehmen Sie diese Hinweise auf jeden Fall ernst und denken Sie darüber nach.
- Haben Sie einen Bekannten der Chemie unterrichtet, dann fragen Sie ihn, ob Sie bei ihm im Unterricht einmal hospitieren können. Im besten Fall seien Sie dabei, wenn er eine Unterrichtssequenz plant und vielleicht dürfen Sie ja auch bei der Durchführung helfen und unterstützen.
- Kennen Sie Lehrer an einer Brennpunktschule, dann verbringen Sie dort einmal einen Tag und lassen Sie die Stimmung auf sich wirken. Überlegen Sie sich, ob Sie dafür geeignet sind.

[2] Bertelsmann Stiftung (2018): Quereinsteiger unterrichten besonders häufig an Brennpunktschulen, vom 13.9.2018 (www.bertelsmann-stiftung.de)

Derzeit gibt es viele außerschulische gemeinnützige Gesellschaften, die sich mit naturwissenschaftlicher Bildung beschäftigen. Diese sind immer auf der Suche nach Ehrenamtlichen und Honorarkräften für schmales Geld, die die naturwissenschaftliche Bildung an Schulen voranbringen wollen. Viele Schulen sind aufgrund des Mangels an Lehrern für Naturwissenschaften auf diese Initiativen angewiesen. Falls Sie noch überlegen, ob der Lehrerberuf evtl. etwas für Sie sein könnte, bieten sich Ihnen hier zahlreiche Möglichkeiten, sich mit nur ein paar Stunden pro Woche oder pro Monat einmal auszuprobieren. Der Vorteil, den sie davon haben, ist, dass diese Initiativen oft bereits fertige Unterrichtskonzepte haben, die Sie einfach nutzen können, sodass Sie direkt mit dem Unterrichten beginnen können. Sie lernen so auch gleich geeignete Experimente für den Unterricht kennen. Oft wird Ihnen auch ein erfahrener Teampartner zur Seite gestellt, sodass Sie voneinander lernen können. Wenn Sie erst einmal z. B. nur eine Arbeitsgemeinschaft (AG) in der Woche betreuen, so haben Sie auch genügend Zeit, sich über die Bedürfnisse Ihrer Schüler Gedanken zu machen, und können üben, sich auf eine Lerngruppe individuell einzustellen. Sie können auf diese Weise in einer realen Situation testen, ob Sie für die Arbeit in der Kinder- und Jugendbildung und damit für einen Beruf als Lehrer geeignet sind und was Sie im Zweifel noch alles lernen sollten, bevor es losgehen kann mit dem Quereinstieg. Sie sollten aber eines bedenken: Auch diese Initiativen benötigen Kontinuität, da auch diese mit Kindern arbeiten und eine Bildungsverantwortung tragen. Sollten Sie sich entscheiden, bei einer Initiative mitzuwirken, dann sollten Sie sich auch verpflichten, über einen gewissen Zeitraum dabei zu sein, und zuverlässig Ihre Unterrichtstermine wahrnehmen. Nur so können sich gemeinnützige Initiativen am Leben erhalten und nur so profitieren Sie auch selbst langfristig davon.

Mit solch einer Vorbereitung können Sie auch in einem möglichen Quereinsteigercasting überzeugen.

1.3 Wie reagieren Schulen auf Quereinsteiger?

Auch wenn der Lehrermangel und die entsprechende Presse etwas anderes vermuten lassen, die Schulen haben (natürlich mit einigen Ausnahmen) nicht auf Sie gewartet und werden Sie meist sehr vorsichtig betrachten. Schulen wissen, dass Sie ein höheres Risiko bedeuten und dass Sie eine intensive Betreuung benötigen, daher werden Sie vielen skeptischen Kollegen, Seminarleitern und Schulleitern begegnen. Altlehrer werden Ihnen immer wieder gern Ihre mangelnde pädagogische Ausbildung vorhalten und über ihre Zusatzbelastung durch Quereinsteiger klagen.

Lassen Sie sich davon nicht entmutigen und schauen Sie auf Ihre Kompetenzen: Was bringen Sie mit, was die Alteingesessenen nicht oder nur selten haben?

- Die meisten Quereinsteiger sind dynamischer. Sie haben sich mit einer bestehenden Situation nicht einfach abgefunden, sondern wollen einen Neuanfang. Sie sind Kämpfer. Ein felsenfester Wille hilft beim Erfolg im Quereinstieg.
- Quereinsteiger haben meist Erfahrungen in der realen Berufswelt gesammelt. Sie wissen, wie das Leben außerhalb der Schule funktioniert, und können so lebensnahe Erfahrungen in ihren Unterricht einfließen lassen.
- Quereinsteiger kennen aus ihrer vorherigen Berufspraxis Methoden, die Schulen völlig fremd sein können. Daraus können sich viele neue Ideen ergeben.
- Viele Quereinsteiger haben Managementerfahrungen, welche den Schulen oft fehlt. Fachkonferenzen u. Ä. sind dankbar für Menschen, die freiwillig z. B. die Moderation von Sitzungen übernehmen.
- Gerade Chemiker als Quereinsteiger haben oft weitreichende Erfahrungen in Sammlungsmanagement, Gefährdungsbeurteilung und Arbeitsplatzsicherheit. Geben Sie diese durch praktische Hilfestellungen weiter.

Bringen Sie sich an Ihrer Schule in die entsprechenden Arbeitsgruppen aktiv ein. Übernehmen sie Aufgaben, die den anderen Lehrern sichtlich schwerfallen, Ihnen aber aufgrund Ihrer Vorerfahrung leicht von der Hand gehen. Seien Sie ein Gewinn für das Kollegium, so wird Ihre Einarbeitung durch die anderen Kollegen freiwillig, nebenbei und gern erfolgen, anstatt als Belastung empfunden zu werden. Und vielleicht der wichtigste Hinweis: Zeigen Sie immer wieder Ihr Interesse daran, sich weiterzubilden, und tun Sie das auch selbst aktiv.

1.4 Der Unterschied zwischen einem Chemiker und einem Chemielehrer

Erinnern Sie sich einmal an Ihre eigene Lerngeschichte und vervollständigen Sie folgende Sätze:

Ich lerne am besten ...

Ich lerne nicht, wenn ...

Lernen ist für mich verbunden mit ...

Ich lerne begeistert, wenn ...

Ich habe neben dem Fachlichen in der Schule gelernt ...

Ich habe in der Schule nie gelernt ...

Mein wichtigster Lehrer war ...

Die letzten und oft sehr prägenden Lehr- oder Lernerfahrungen liegen bei den meisten Chemikern in der Hochschulausbildung und evtl. später noch in Weiterbildungsmaßnahmen. Oft kommen Chemiker mit der Überzeugung in den Quereinstieg, sie hätten bereits Vorlesungen gehalten und Seminare für Studierende oder in der Erwachsenenbildung gegeben und seien damit bestens für den Lehrerberuf vorbereitet. Doch auch wenn sie nicht selbst gelehrt haben, ist die Lernerfahrung der Hochschule meist dennoch sehr prägend und wird gern als solche in den Lehrberuf eingebracht. Dem liegt ein Gedankenfehler zugrunde, denn Hochschulen lehren nach wie vor nach der klassischen Vorstellung des Lernens. Demzufolge kann Wissen wie ein Gegenstand vom Lehrenden zum Lernenden transportiert werden. Daher findet Lehre an Hochschulen noch immer fast ausschließlich frontal statt. Es besteht aber an Hochschulen auch nicht die zwingende Notwendigkeit, dies zu ändern. Bei Studierenden kann ein grundsätzliches Interesse am Lernen vorausgesetzt werden, da man für den Besuch einer Hochschule erstens diverse Lernvoraussetzungen erfüllen muss und zweitens der Besuch freiwillig erfolgt. Eine Lernmotivation ist also meist vorhanden und nicht verstandene Sachverhalte werden im Eigenstudium bereitwillig zu Hause nachgearbeitet.

Die Schulsituation ist aber eine ganz andere. Zunächst einmal: Schulbesuch in Deutschland ist nicht freiwillig. Allein dieser Fakt stellt Sie bereits vor eine komplett andere Situation als an der Hochschule. Hinzu kommen für jeden Schüler ganz individuelle und unterschiedliche positive und negative Vorerfahrungen im Bereich Schule im Allgemeinen und im Fach Chemie oder Naturwissenschaften im Speziellen. Dies macht jede Ihrer Unterrichtssequenzen zu einer neuen Herausforderung. Die Wahrnehmungen Ihrer Schüler sind außerdem geprägt durch angeborene, soziokulturelle und momentane (kurzfristige) Einflussfaktoren. Machen Sie sich als Lehrer bewusst, dass Sie diese nicht ändern können, sondern nur lernen können, damit umzugehen.
Schauen Sie sich nun noch einmal Ihre ergänzten Sätze zu Anfang des Kapitels an. Was schlussfolgern Sie daraus, wie Sie als Lehrer auftreten und Ihren Chemieunterricht gestalten sollten, damit Ihre Schüler gern zu Ihnen kommen und bereitwillig lernen?

Im System Schule geht man seit einigen Jahren davon aus, dass eine konstruktivistische Lehr-Lern-Philosophie im Unterricht vertreten werden sollte. Das heißt vor allem, dass Lernen ein selbstgesteuerter Prozess ist und Wissen aktiv von den Lernenden konstruiert werden muss. Neues Wissen muss demnach immer auf bereits vorhandenem Wissen aufbauen. Wird unzureichend auf das vorhandene Vorwissen geachtet, so kann neues Wissen nicht oder nur schwer erworben werden.

Nehmen wir ein (überspitztes) Beispiel: Sie übernehmen eine 10. Klasse in Chemie. Auf dem Lehrplan der 10. Klasse steht im Groben „Organische Chemie“. Nun war es aber so, dass aufgrund des Chemielehrermangels in der 7./8. Klasse Chemie gar nicht unterrichtet wurde, und in der 9. Klasse ist der Deutschlehrer eingesprungen, da es ja irgendjemand machen musste. Was tun Sie? Sie haben nun die Möglichkeit, einfach den Lehrplan der 10. Klasse durchzuziehen, aber welchen Erfolg werden Sie haben? Ihre Schüler kennen leider das Periodensystem nicht, haben evtl. noch nie etwas über Atome gehört und wissen nicht, was eine Reaktionsgleichung ist. Sie müssen einen Kompromiss zwischen dem Wissensstand Ihrer Schüler und dem Lehrplan finden. Zum Beispiel können Sie damit beginnen, wie das Kohlenstoffatom eigentlich entstanden ist, und am Beispiel des Kohlenstoffs zeigen, wie Atome aufgebaut sind. Sie können anhand einfacher Reaktionen mit Kohlenstoff (Verbrennung von Kohle) Reaktionsgleichungen einführen und gleichzeitig etwas über Verbrennung lehren. Bauen Sie die wichtigsten Chemiegrundlagen, die Ihren Schülern fehlen, in den Kontext Kohlenstoff immer wieder mit ein. So bleiben Sie im Thema organische Chemie, haben aber die Lernvoraussetzungen Ihrer Schüler respektiert und bauen auf diesen auf.

Das ist also der große Unterschied zur Hochschule? Die Schüler orientieren sich nicht an dem Wissen, das Sie vorgeben, das sie Ihrer Meinung nach beherrschen sollten, sondern Sie als Lehrer orientieren sich an dem Wissensstand Ihrer Schüler.

1.5 Werkzeuge für einen guten Chemieunterricht

Ob das Lehrersein heute viel schwieriger ist als früher oder doch leichter, darüber gibt es ebenso viele Meinungen, wie es Nutzer in Lehrerforen im Netz gibt. Die einen glauben, dass die Ansprüche an die Lehrer viel höher geworden sind als früher, die anderen sagen, dass dafür zahlreiche Maßnahmen geschaffen wurden, um den Schulalltag des Lehrers zu erleichtern. Wenn Sie sich umhören oder durch die einschlägigen Lehrerforen scrollen, finden Sie zahlreiche Argumente in die eine oder andere Richtung. Vermutlich liegt – wie immer – die Wahrheit irgendwo in der Mitte.

Aber unabhängig davon, ob das Lehrersein nun leichter oder schwerer geworden ist in den letzten Jahren, man kann es lernen. Ich gehe sogar noch einen Schritt weiter und sage: Man muss es lernen. Der Lehrberuf ist eine Profession, für die man ebenso wie in anderen Berufen ein Talent mitbringen kann, aber die professionellen Kompetenzen für den Beruf muss man erst erwerben.

Es gibt einen ziemlich klar definierten Werkzeugkasten, den jeder Lehrer beherrschen sollte und den wir seit Hattie sehr genau kennen. Auch in Übereinstimmung mit anderen wissenschaftlichen Studien kann man folgende Kriterien wohl als Hauptkompetenzen der Lehrerbildung ansehen:

- ***Fachwissen und die Vermittlung dessen:*** Eine der wohl besten Eigenschaften der Quereinsteiger ist das sehr hohe Fachwissen, welches sie im Allgemeinen mitbringen. Dieses Fachwissen ist sehr hilfreich, um auch Gedankengänge auf Umwegen der Schüler und ihre Fehler zu verstehen. Mindestens genauso wichtig ist es aber zu wissen, wie man dieses Fachwissen adressatengerecht vermittelt. Insgesamt kommt hier der Klarheit eine große Bedeutung zu. Ihre Organisation und Unterrichtsziele müssen für Ihre Schüler klar sein. Sachverhalte und neue Inhalte müssen verständlich sein und in einem angemessenen Lerntempo eingeführt werden. Anforderungen an Prüfungen sind klar, Bewertungsmaßstäbe sind sichtbar. Fragen werden beantwortet und gestellte Aufgaben und Prüfungen kontrolliert.
- ***Lehrer-Schüler-Eltern-Beziehung:*** Damit Schüler gut lernen, muss die Lehrer-Schüler-Beziehung stimmen. Dazu gehören vor allem Authentizität, Empathie und die Orientierung am Lernenden. Ebenso wichtig ist auch die Beratung der Eltern. Eine gute Elternarbeit ist ungemein wichtig für den Lernerfolg und sollte von einem guten Lehrer nicht vernachlässigt werden. So schaffen Sie eine positive zwischenmenschliche (Lehr-Lern-)Beziehung.

- ***Begeisterung:*** Sie haben Ihr Fach irgendwann einmal studiert, weil Sie davon begeistert waren. Bringen Sie diese Begeisterung in Ihrem Unterricht „rüber“ und entfachen Sie diese bei Ihren Schülern. Als Lehrer sind wir auch kleine Eventmanager. Wir überlegen uns, was unsere Kunden (Schüler) begeistern würde, und versuchen ein entsprechendes Angebot zu stricken.

Übertragen wir diese Punkte auf den Chemieunterricht bedeutet das für Sie Folgendes:

- ***Fachwissen und die Vermittlung dessen:*** Sollte Ihnen zu einem Themengebiet einmal das Fachwissen fehlen, so müssen Sie sich im Vorfeld intensiv in dieses Themengebiet neu einarbeiten. Nur so können Sie das Thema auf das Anforderungsniveau Ihrer Schüler herunterbrechen, die Aufgaben klar formulieren und entsprechende Experimente auswählen. Experimente sollten Sie immer mindestens einmal vorher ausprobiert haben, dann können Sie auch eine klare Experimentieranleitung formulieren. Wenn möglich legen Sie Ihre Arbeitsblätter, Prüfungen etc. Unbeteiligten vor und bitten Sie um ein Feedback, ob Ihre Aufgabenstellungen verständlich sind.
- ***Lehrer-Schüler-Eltern-Beziehung:*** Versuchen Sie, ein netter Chemielehrer zu sein. Mochten Sie früher lieber die Lehrer, die ständig geschimpft haben, oder die, die immer ein offenes Ohr und auch an den schlimmsten Tagen noch ein nettes Wort übrig hatten? Auch wenn Sie nur Fachlehrer sein sollten, hat für Sie als Chemielehrer die Elternarbeit eine hohe Bedeutung. Viele Eltern haben schlechte Erinnerungen an Ihren eigenen Chemieunterricht und geben diese an ihre Kinder weiter. Sie müssen meist sowohl Kinder als auch Eltern vom Gegenteil überzeugen. Dies kann z. B. gut mit einfachen Experimenten mit Haushaltschemikalien und -gegenständen gelingen. Machen diese Experimente Spaß, so wiederholen Ihre Schüler diese evtl. zu Hause und auch die Eltern werden neugierig beim Zuschauen. Mit ein bisschen Glück bekommt man nach einiger Zeit das Feedback „Ich wünschte, ich hätte früher so einen Chemieunterricht gehabt.“.
- ***Begeisterung:*** Eigentlich ist es im Chemieunterricht relativ einfach, Begeisterung zu entfachen, es muss nur möglichst oft knallen, zischen und puffen. Wenn Sie Schüler selbst experimentieren lassen und dabei noch Anregungen und Wünsche der Schüler mit aufnehmen, kann Ihr Unterricht fast nur noch ein Erfolg werden.

Als guter Lehrer sollten Sie jeden dieser Punkte beherrschen. Fehlt einer dieser Punkte, so reicht es nicht zum guten Lehrer, und Sie sollten sich auf dem fehlenden Gebiet zwingend weiter fortbilden. Wollen Sie alle Kriterien erfüllen, werden Sie schnell merken, dass Sie sich nicht für einen „Halbtagsjob“ mit vielen Ferien entschlossen haben, sondern für einen der anspruchsvollsten Berufe unserer Gesellschaft. Sie statten Kinder und Jugendliche mit Wissen und Kompetenzen aus, mit denen diese später unsere Gesellschaft gestalten. Von Ihnen hängt es ab, ob Begriffe wie Inklusion, Nachhaltigkeit, Toleranz, Teilhabe u. v. m. zur Selbstverständlichkeit werden oder weiterhin abstrakte Begriffe in unserer Gesellschaft bleiben, die man kennt aber nicht ein- und umzusetzen weiß.

Mit dem Schritt zum Quereinstieg Chemie übernehmen Sie Verantwortung!

2 Didaktik – das Experiment als zentrales Element

2.1 Die Wichtigkeit des Experiments

Auch wenn Sie vielleicht nicht aus der „Knallchemiker-Fraktion" sind: Experimente sind das, was den Chemieunterricht ausmacht. Selbst wenn das Experiment noch so klein ist und auch wenn es gefühlt zu weit her geholt ist: Das haptische Erfahren der Chemie ist nachweislich das, was sich bei den Schülern letztendlich im Gedächtnis verankert und langfristig zum Lernerfolg führt. Wählen Sie außerdem möglichst oft Experimente, die mit einfachsten Materialien durchführbar sind, untersuchen Sie Haushaltsprodukte, bauen Sie Laborutensilien aus Einmachgläsern usw. Und das Allerwichtigste: Sorgen Sie dafür, dass möglichst oft *alle* Ihre Schüler experimentieren. Lehrerexperimente haben sicher auch ihre Berechtigung, sollten aber die Ausnahme darstellen.

Folgende Merkmale sollte ein gutes Experiment haben:

1. ***Wiederholbarkeit:*** Das Experiment muss mit seinen Ergebnissen jederzeit personenunabhängig wiederholt werden können. Das heißt, das Experiment muss so klar zu deuten sein, dass es für Außenstehende nachvollziehbar ist.
2. ***Erhaltung:*** Sämtliche Elemente, die am Experiment beteiligt sind, sollten möglichst erhalten bleiben. So können später aufkommende Fragen noch einmal an den Rückständen geklärt werden. Eine Ausnahme kann natürlich eine aufkommende Gasentwicklung o. Ä. sein, sodass hier evtl. doch eine Wiederholung des Experiments nötig sein könnte.
3. ***Ordnung:*** Schüler möchten ihre Eindrücke und Erfahrungen innerlich sortieren und in ihre bisherigen Kenntnisse eingliedern. Erkenntnisse aus neuen Experimenten müssen also im Zusammenhang zu bereits früher gemachten Erfahrungen stehen.

Standardmäßig teilt sich das reine Experimentieren im naturwissenschaftlichen Unterricht in folgende Phasen auf:

1. ***Planungsphase:*** Je nach Kenntnisstand Ihrer Schüler können Sie die Schüler abhängig von ihrer gemachten Hypothese das Experiment selbst planen lassen (offenes Experimentieren) oder den Experimentierverlauf komplett vorgeben (geschlossenes Experimentieren). Dies ist auch immer eine gute Möglichkeit zur Differenzierung mit gestaffelten Hilfestellungen. Planen die Schüler ihr Experiment selbst, sollten Sie eine Möglichkeit zur Überprüfung des Plans vorsehen (Lösungskarten, Besprechung mit dem Lehrer, ...).
2. ***Organisationsphase:*** Die Schüler finden sich in Arbeitsgruppen zusammen und bringen das entsprechende Experimentiermaterial an ihre Tische. Bei jüngeren Schülern kann man anfangs auch fertige Materialkisten bereitstellen, die sich die Schüler nur noch nehmen müssen. Legen Sie sich hierfür einen Stapel Plastikkisten zu, sodass immer mindestens zwei Schüler eine Kiste erhalten können.
3. ***Durchführungsphase:*** Das Experiment wird nach Plan durchgeführt und die Beobachtungen werden schriftlich festgehalten. Erleichtern Sie ggf. Ihren Schülern das Protokollieren, indem Sie Phrasen, Wörter, Fragen, Tabellen o. Ä. vorgeben, in die Daten eingetragen werden können. Möchten Sie Ihre Schüler langfristig zu komplett eigenständigen Protokollanten erziehen, so können Sie den Protokollfächer der iMINT-Akademie nutzen (siehe Literaturtipps). Dieser ist ein hilfreiches Werkzeug, um die Schritte des Protokollierens immer wieder unter Hilfestellung zu üben und so langfristig zu verinnerlichen. Jede einzelne Karte (Fächer) des Protokollfächers beinhaltet einen Schritt des naturwissenschaftlichen Erkenntnisgangs (siehe Kapitel 3). Auf den jeweiligen Fächern sind mögliche Formulierungshilfen angegeben, um den entsprechenden Schritt protokollieren zu können.
4. ***Auswertungsphase:*** In der Auswertungsphase können nun drei Varianten auftreten. Entweder bestätigen die Ergebnisse die vorab aufgestellte Hypothese oder die erwarteten Effekte treten nicht auf oder es treten neben den erwarteten Effekten zusätzliche Nebeneffekte auf, welche nicht vorhergesehen wurden. Im Fall 2 und 3 kann nun entschieden werden, ob das Experiment wiederholt wird, ob die Hypothese neu überdacht wird oder ob beim Experimentieren ungewollte Fehler aufgetaucht sind,

die das Ergebnis verfälscht haben. Fügen Sie Ihren Arbeitsblättern ggf. kurze Auswertefragen hinzu, z. B.: Bei wie viel Grad Celsius gab es die meiste Gasentwicklung? Lassen Sie aus den Ergebnissen einen Graphen zeichnen und das Maximum bestimmen. Allgemein gesprochen: Lassen Sie die Ergebnisse schriftlich und bildlich festhalten und daran die Hypothese überprüfen.

Ihre Rolle als Lehrender sollte es bei Experimenten sein, dass Sie sich vor allem in Zurückhaltung üben. Sie treffen zwar die Auswahl des Experiments und des Materials, Sie haben die passende Einleitung gewählt, während der Durchführung sollten Sie den Schülern aber lediglich als Lernberater zur Verfügung stehen. Sie sollten Ihren Schülern möglichst viel Mitbestimmungsrecht geben und Ihnen auch erlauben, sich mit anderen Schülern auszutauschen, auch wenn es dabei schon mal etwas lauter werden kann. Seien Sie selbst mutig und lassen Sie Ihre Schüler auch mal etwas ausprobieren, solange es vom Gefahrenpotenzial her vertretbar ist.

2.2 *Gute Experimentierideen finden*

Zahlreiche für den Chemieunterricht erprobte Experimente mit Hintergrundinformationen finden Sie übrigens bei Prof. Blume (siehe Literaturtipps) und auch sonst ist das Internet voll von guten einfachen bis schwierigeren Experimenten. Unterschätzen Sie dabei auch die trivialeren YouTube-Kanäle nicht. Oft stecken hier wirklich gute, einfache Ideen drin, denn auch z. B. die Herstellung des eigenen Lipgloss bietet sehr viel Unterrichtsinhalt in Sachen Schmelzpunkterniedrigung oder Mischungsverhalten. Es gibt außerdem viele YouTube-Kanäle mit „Lifehacks“, die bei Kindern sehr gut ankommen und oft auch Potenzial für den Unterricht bieten. Häufig müssen Sie als Lehrer ein paar Mal um die Ecke denken, um den Bezug zum Unterrichtsthema zu finden, aber der Versuch lohnt sich, da Sie mit einer hoch motivierten Schülerschaft arbeiten werden. Aufgrund dessen, dass die diversen „Lifehacks“ und Experimentierkanäle meist sehr unterhaltsam sind, empfehle ich, zur Unterrichtsvorbereitung immer auch etwas YouTube-Zeit einzuplanen. Notieren Sie sich gleich den Kanal und die Idee in ganz kurzen Stichpunkten, wenn Sie eine Inspiration gefunden haben, sodass Sie auf diese später noch einmal zurückgreifen können.

Des Weiteren finden Sie bei den verschiedenen Lehrerfachverlagen auch zahlreiches Material mit komplett erarbeiteten Unterrichtsreihen, Experimenten zu Alltagsphänomenen, Experimenten mit Supermarktprodukten, Stationenarbeiten u. v. m. Beachten Sie aber, dass Sie auch dieses Material immer noch einmal auf Ihre Schüler speziell anpassen sollten. Eventuell müssen Sie eine Aufgabe bei der Auswertung herausstreichen, da Ihre Schüler noch nicht so weit sind, oder Sie wünschen sich noch weitere Auswerteaufgaben. Vielleicht müssen Sie auch die Materialliste anpassen, da Sie lieber mit Rohrreiniger arbeiten wollen, anstatt mit NaOH aus der Sammlung. Oder in Ihrer Sammlung gibt es keine Glasstäbe, sondern nur Spatel. Meist sind es nur Kleinigkeiten, die angepasst werden müssen, aber Schüler bemerken es, wenn Sie sich die Mühe nicht gemacht haben.

2.3 *Wenn die Schule kein Material hat*

Wenn es in Ihrer Schule nicht ausreichend Material für einen reibungslosen Unterricht gibt, stehen Sie vor einem Dilemma. Spätestens in den Unterrichtsbesuchen während des Referendariats wird dieses Problem zur Sprache kommen müssen. Sie können zwar in Ihren Unterrichtsentwürfen unter Besonderheiten zur Unterrichtsumgebung diesen Punkt erläutern, ob Ihr Fachleiter oder später die Prüfungskommission Verständnis dafür aufbringen, weiß allerdings niemand vorauszusagen.

Versuchen Sie zunächst erst einmal zu verstehen, warum es so wenig Material an Ihrer Schule gibt. Sprechen Sie dazu mit den anderen Fachkollegen und fragen Sie, welche Lösung diese gefunden haben. Oftmals ist den Schulleitungen auch gar nicht bewusst, welches Material zur Grundausstattung gehört, was laufende Posten sind, die jährlich neu beschafft werden müssen, usw. Das Budget für den jeweiligen Fachbereich wird daher oftmals unrealistisch geplant. Mit klaren Zahlen und Notwendigkeiten insbesondere in Sicherheitsfragen lässt sich die ein oder andere Schulleitung auch von der Erhöhung des Budgets überzeugen. Holen Sie sich hierbei aber unbedingt Unterstützung vom Fachbereichsleiter, denn ohne das Einverständnis der Fachkonferenz wird Ihnen die Schulleitung kaum Gehör schenken.

Man kann aber Unterrichtsmaterial auch über Drittmittel erhalten. Beim Verband der chemischen Industrie (VCI) können alle Schulen in Deutschland, in denen Chemie unterrichtet wird und eine Grundausstattung bereits vorhanden ist, einen Antrag auf Unterrichtsförderung stellen (siehe Literaturtipps). Die Höhe der Förderung hängt vom Schultyp ab. Die Fördergelder können für Anschaffungen von Laborgeräten, Chemikalien, Anschauungsmaterialien, Fachliteratur u. Ä. verwendet werden. Die Anträge können alle drei Jahre neu gestellt werden. Der Vorteil ist, dass die Anträge jederzeit gestellt werden können, und die Bearbeitung erfolgt im Allgemeinen sehr zügig. Auch sonst gibt es viele lokale bis nationale Stiftungen und Organisationen, die Förderungen in bestimmten Bereichen anbieten. Hier lohnt es sich, einfach die Augen offenzuhalten, und wenn Sie etwas Passendes entdecken, überlegen Sie, ob es sich lohnt, einen Antrag zu stellen. Da man nie weiß, mit welcher Wahrscheinlichkeit man eine Förderung von einer Stiftung auch erhält, sollten Sie nie zu viel Hoffnung in einen Antrag stecken. Setzen Sie sich ein persönliches Zeitlimit, welches Sie in eine Antragsstellung einbringen wollen, bei dem es Ihnen auch nicht weh tut, wenn der Antrag abgelehnt wird. Stellen Sie auch ruhig mal Anträge bei etwas ungewöhnlicheren Ausschreibungen. Es kann sehr spannend sein, Drittmittel für unterrichtsergänzende Projekte zu erhalten und dann mit den Schülern und Kollegen gemeinsam zu überlegen, was man nun damit macht. Ausschreibungen finden Sie z. B. bei Stiftungen, aber die besten Tipps bekommen Sie über Netzwerke, Newsletter oder in Foren. Es empfiehlt sich langfristig, sich gut zu vernetzen, immer die Augen offenzuhalten für interessante Ausschreibungen und es einfach hin und wieder zu versuchen. Auch für einige Schülerwettbewerbe gibt es Anschubfinanzierungen. Man kann also allein durch die Teilnahme am Wettbewerb bereits ein paar Euro für Sachmittel erhalten.

Sollten sowohl Ihr Material als auch die Räume an Ihrer Schule Sie in Ihrem Chemieunterricht begrenzen (keine Abzüge, keine Labortische etc.), so gibt es auch vielerorts Schülerlabore, in denen Experimente zu verschiedenen Lehrplanthemen angeboten werden. Allerdings müssen Sie sich hier meist frühzeitig anmelden und nicht immer sind diese Angebote kostenfrei. Oft sind die Kosten aber gering und lohnen sich definitiv für den Wissenszugewinn. Überlegen Sie auch, ob manche Experimente vielleicht auf dem Schulhof durchführbar sind oder ob Sie statt Bunsenbrennern evtl. mit Teelichtern und entsprechenden Tischunterlagen arbeiten können.

Manchmal hilft aber auch alles nichts und Sie müssen kreativ werden. So werden schon mal Kochtöpfe, Küchensiebe und Haushaltsreiniger zu Experimentiermaterialien. Im Allgemeinen haben Sie aber schon dadurch die Aufmerksamkeit Ihrer Schüler gewonnen und sie fragen sich, was jetzt wohl damit passiert. Stellen Sie sich eine kleine Liste an Alltagschemikalien zusammen, die Stoffe enthalten, welche Sie für bestimmte Experimente brauchen. Machen Sie die Not zur Tugend, denn das Experimentieren mit Haushaltschemikalien hat einen hohen didaktischen Wert, wie wir später noch sehen werden. Hier einmal ein paar Ideen, welche Stoffe als Hauptbestandteil in welchem Haushaltsmittel stecken:

Haushaltsmittel	**Enthaltene Chemikalien**
Warzenmittel	Salicylsäure
Rohrreiniger	Natriumhydroxid, Aluminium
Kaisernatron, Bullrichsalz	Natriumhydrogencarbonat
Zitronensäure/Essigsäure	Zitronensäure/Essigsäure
Batteriesäure	Schwefelsäure
Maaloxan	Magnesiumhydroxid
Nagellackentferner	Aceton
Spiritus	Ethanol
Feuerzeuggas	Butan
Fleckensalz	Natriumpercarbonat
WC-Reiniger	Natriumhydrogensulfat
Hirschhornsalz	Ammoniumcarbonat
Pottasche	Kaliumcarbonat
CO_2-Kartuschen	CO_2 und Trockeneis
Soda	Natriumcarbonat
Metallpolitur	u. a. Amoniak
Salmiakpastillen	Ammoniumchlorid
Anti-Kalk-Powergel	u. a. Salpetersäure
Cola	u. a. Phosphorsäure
Jodtinktur	Iod – Kaliumiodid

3 Der naturwissenschaftliche Erkenntnisgang als Unterrichtsmethode

3.1 Überblick

Naturwissenschaftler beschäftigen sich mit den beobachtbaren Phänomenen der belebten und unbelebten Natur. Dabei sind Naturwissenschaftler stets getrieben von:
1. Etwas geschieht oder ist geschehen. Es wird genauer beobachtet.
2. Was ist die Ursache, warum es geschieht?
3. Was ist der Grund, wieso es geschieht?

Bereits schon für die Beobachtungen sind Kenntnisse und Interesse erforderlich. Denn schon in dieser Phase unterscheidet der Naturwissenschaftler, zwischen „Was sehe ich?", „Was weiß ich?" und „Was nehme ich an?". Er entscheidet bewusst oder unbewusst nach seinen Vorkenntnissen und seiner Interessenlage, wo er genauer hinschaut, welche Fakten für sein Beobachtungsziel relevant und welche irrelevant sind. Kommt Ihnen das bekannt vor?
Moderner naturwissenschaftlicher Unterricht ermöglicht es den Schülern, analog aufbauend auf ihren Vorkenntnissen und Interessen, ihr Erfahrungswissen durch Fachwissen zu erweitern. Nicht der Lehrer stellt das Problem, sondern der Impuls des Lehrers lässt die Schüler das Problem als eine für sie selbst relevante Aufgabe entdecken.
Der naturwissenschaftliche Erkenntnisgang, so wie man ihn als Naturwissenschaftler bereits verinnerlicht hat, kann unter dieser Voraussetzung als „Unterrichtsmethode" angesehen werden. Dabei würde der naturwissenschaftliche Unterricht, ebenso wie der naturwissenschaftliche Erkenntnisgang im Allgemeinen, folgende Phasen durchlaufen:

1. Beobachten und Problemstellung entwickeln
- Natur beobachten, Daten sammeln, benennen, beschreiben
- Sachverhalte mit gemeinsamen Merkmalen erkennen
- Frage nach dem Warum aus dem Wunsch heraus, die bisherige Erkenntnis zu erweitern

↓

2. Aufstellen einer Vermutung – Hypothesenbildung
- vorläufige auf Beobachtung ruhende Behauptung
- Ableitung und Folgerungen aus der Hypothese auf den Einzelfall

↕

3. Überprüfung der Hypothese durch Experimente
- Sachverhalt als Abbild darstellen und untersuchen
- Ergebnisse protokollieren
- wird die Hypothese bestätigt, dann weiter zu Phase 4, ansonsten aufstellen einer neuen Hypothese

↓

4. Überarbeitung des Modells
- Formulierung einer allgemeinen Theorie
- Formulierung eines Naturgesetzes

↓

5. Lernzugewinn definieren
- Macht man bei der Überprüfung einer Theorie über einen längeren Zeitraum stets positive Erfahrungen, so verwandelt sich die Theorie in Wissen.

Im Folgenden möchte ich auf die einzelnen Phasen des naturwissenschaftlichen Erkenntnisgangs näher eingehen und Ihnen zeigen, wie man diese leicht im Chemieunterricht gestalten kann.

3.2 Beobachten und Problemstellung entwickeln

Grundlage jeder naturwissenschaftlichen Erkenntnis ist die genaue Beobachtung von Naturphänomenen. Jedoch sollten Sie sich bewusst sein, dass von vier Schülern vermutlich vier etwas anderes beobachten und diese Beobachtungen sich auch noch alle von Ihrer geplanten Beobachtung unterscheiden können. Wahrnehmungen hängen wie bereits erwähnt von Vorkenntnissen und Interessen ab, zusätzlich kommen weitere angeborene Faktoren, soziokulturelle Faktoren, Erfahrungen aus der individuellen Lerngeschichte und kurzfristige Einflussfaktoren hinzu, die die Beobachtungsvielfalt in ihrem Klassenraum zu einem wahren Potpourri machen können.
Finden Sie Möglichkeiten, um möglichst vielen, im besten Fall allen Beobachtungen Ihrer Schüler gerecht zu werden, denn die selbstständigen Beobachtungen Ihrer Schüler haben ihren berechtigten Platz. Aus eigenständigen Beobachtungen können sich auch später eigenständige Fragestellungen entwickeln und damit eine intrinsische Motivation, die eigene Frage beantworten zu wollen.

Folgende Beispiele für Unterrichtseinstiege, die Raum für Beobachtungen geben und es den Schülern erleichtern, eigene Fragestellungen zu entwickeln, haben sich bewährt. Dabei ist die Liste noch lange nicht vollständig.

Beispiel für Unterrichtseinstiege	Mögliche Fragestellung daraus
Erkundungsspaziergang in der Umgebung und Sammeln von Material oder Beobachtung von Gegebenheiten	Wie entsteht aus einer Blüte ein Parfum?
Spannende Einstiegsexperimente	Was hat die Filmdosenrakete mit dem Brausepulver zu tun?
Beobachtungen unter dem Mikroskop	Warum macht Hefe Löcher in den Teig?
Lebensmittel verkosten	Was macht den salzigen Geschmack in der Lakritze?
Aktuelle Nachrichten	Ist Fracking schädlich für die Umwelt?
Videos	Wie funktioniert eine Wunderkerze?
Verpackungen/Packungsbeilagen z. B. von Arzneimitteln	Wie wirkt Maaloxan gegen Sodbrennen?
Sprüche oder Sprichwörter	Ist Alkohol ein Lösungsmittel?
Kriminalgeschichten – mit chemischen Experimenten (z. B. Chromatografie) Kriminalfälle lösen	Wer hat die Unterschrift gefälscht?

Versuchen Sie Beobachtungen und Fragestellungen möglichst vieler Schüler sichtbar zu machen. Hier ein paar beispielhafte Methoden:

Methode	Durchführung
Brainstorming	■ Schüler nennen alles, was ihnen einfällt. ■ Lehrer oder Schüler hält alles schriftlich an der Tafel fest. ■ Ideen können bei Bedarf noch geordnet werden.
Brainwriting (vor allem bei großen Gruppen)	■ Schüler werden in Gruppen von 6–8 Personen aufgeteilt. ■ Jeder erhält ein Blatt, auf das er seine Ideen schreibt. ■ Nach einigen Minuten werden die Blätter reihum getauscht. ■ Die Mitschüler können sich von den anderen Ideen inspirieren lassen und Anmerkungen auf dem Blatt hinterlassen. ■ Bei Bedarf kann im Plenum noch das Ergebnis jeder Gruppe vorgestellt werden.

Methode	Durchführung
Begriffs-assoziationen	■ An die Tafel wird ein Oberbegriff oder wahlweise das Alphabet geschrieben. ■ Schüler tragen zu den Anfangsbuchstaben ihre Assoziationen ein. ■ Auch in Kleingruppen möglich.
Blitzlicht	■ Jeder Schüler nennt nacheinander im Schnelldurchlauf seine Beobachtung und seine Frage dazu. ■ Nachteil: Hier sind Ergebnisse später nicht mehr sichtbar.

Bedenken Sie bei der Auswahl des Unterrichtseinstiegs, dass dieser die individuellen Wissensstände, Erfahrungen, Fähigkeiten, Fertigkeiten und Stärken Ihrer Schüler aufgreift. Er sollte auch in heterogenen Lerngruppen für alle Schüler nachvollziehbar sein.

Gute Unterrichtseinstiege können manchmal aufwendig in der Planung und Umsetzung sein, aber sind sie motivierend, so haben Sie bereits in dieser Phase den Zugang und das Interesse Ihrer Schüler zum Thema entfacht. Wichtig ist, dass Ihr Unterrichtseinstieg bzw. die Erkenntnisse aus dem Unterrichtseinstieg im Laufe des Stundenverlaufs einbezogen und reflektiert werden. Spannen Sie einen roten Faden.

3.3 Aufstellen einer Vermutung – Hypothesenbildung

Um Hypothesen aufzustellen, sollte man sich selbst verdeutlichen, was eine Hypothese ist. Laut Wikipedia[3] ist eine Hypothese eine formulierte Annahme, die man zwar für möglich hält, aber noch nicht bewiesen hat. Hypothesen müssen so formuliert sein, dass sie entweder bewiesen oder widerlegt werden können.

Ob es einen Unterschied zwischen Vermutung und Hypothesenbildung gibt, darüber streiten sich in der Tat die Didaktiker. Die einen sagen, Hypothesen sind Vermutungen, die anderen schränken ein und sagen, Hypothesen sind wissenschaftlich begründete Vermutungen. Dem widerspricht die Hypothesenbildung beim Erlernen der Lesefertigkeit, der definitiv keine wissenschaftliche Begründung zugrunde liegen muss. Es herrscht also Unklarheit darüber, wie gut eine Vermutung begründet sein muss, um eine Hypothese zu sein.

Einigkeit besteht aber darüber, welche Merkmale eine Hypothese haben sollte:
- Die Herleitung muss nachvollziehbar sein.
- Sie muss allgemeingültig sein.
- Sie muss in sich logisch und schlüssig sein.
- Sie muss überprüfbar sein und es muss möglich sein, eine Gegenposition zu formulieren.
- Sie muss einfach, kurz und prägnant sein.

Um Ihren Schülern die Hypothesenbildung zu erleichtern, bitten Sie sie einfach, Formulierungen wie „Wenn ..., dann ...“ oder „je ..., desto ...“ zu verwenden. Dadurch wird bereits durch die Formulierung eine eindeutig logische Beziehung hergestellt, z. B.:
- Wenn die Sonne von Süden scheint, dann dreht sich die Sonnenblume auch nach Süden.
- Je mehr Wasser ich hinzugebe, desto mehr steigt der pH-Wert.

Nun müssen diese allgemeinen Hypothesen auch auf den speziellen Einzelfall angewandt werden, z. B.
- Wenn ich meine Sonnenblume ausschließlich aus dieser Zimmerecke bestrahle, dann dreht sie sich genau dahin.
- Wenn ich meine Wassermenge verdopple, verdopple ich den pH-Wert.

Wie Sie sehen, dürfen Hypothesen (je nach Kenntnisstand) auch so aufgestellt sein, dass sie widerlegt werden. Dem Erkenntnisgewinn tut dies keinen Abbruch.

Fügen Sie bitte entweder auf Ihren Arbeitsblättern jeweils ein paar Zeilen ein, in die Ihre Schüler ihre Hypothesen hineinschreiben können, oder machen Sie an der Tafel die Hypothesen deutlich sichtbar. Im späteren Verlauf des naturwissenschaftlichen Erkenntnisganges müssen diese von den Schülern überprüft werden können.

[3] Vgl. https://de.wikipedia.org/wiki/Hypothese

Es folgt der beste Teil des Chemieunterrichts: Es wird experimentiert. Näheres zur Überprüfung der Hypothese durch Experimentieren finden Sie in Kapitel 2.

3.4 Überarbeitung des Modells

Bevor Sie weitermachen mit der Auswertung des Experiments, entscheiden Sie, ob die Arbeitsplätze zunächst wieder aufgeräumt werden sollen, damit die Tische entsprechend sauber sind und Platz bieten zum weiteren konzentrierten Arbeiten, oder ob Sie die Ergebnisse des Experiments zur weiteren Anschauung und Inspiration stehenlassen wollen.

Sie möchten jetzt mit Ihren Schülern aus der überprüften Hypothese eine Theorie, eine wissenschaftlich begründete Aussage, formulieren. Dafür müssen die Messergebnisse ausgewertet und die Ereignisse während der Reaktion gedeutet werden. Reaktionsgleichungen müssen aufgestellt werden, Schlussfolgerungen gezogen und die Aufgabenstellung beantwortet werden.

In dieser Phase bieten sich klare Fragen/Aufgabenstellungen (mit gestuften Hilfestellungen) an, z. B.:

- Stelle eine Wort-/Reaktionsgleichung zur beobachteten Reaktion auf.
- Berechne die Konzentration/Stoffmenge/Masse des Produktes/Eduktes.
- Stelle die Reaktion zeichnerisch auf Teilchenebene dar.
- Beantworte die Einstiegsfrage.

3.5 Lernzugewinn definieren

Spätestens jetzt ist es an der Zeit, den roten Faden zu Ihrem Einstieg zu spinnen. Sie müssen nun die gewonnenen Erkenntnisse in den Vorkenntnissen und der Lebenswelt Ihrer Schüler verankern. Neben dem Einstieg ist dies eine der schwierigsten Phasen für Sie als Lehrender in der Vorbereitung, denn hier entscheidet sich letztendlich, ob die erworbenen Kenntnisse als Wissen abgespeichert werden oder als interessante Erfahrung beiseitegelegt werden. Sie müssen die haptische Erfahrung des Experiments mit dem Wissensnetz Ihrer Schüler verknüpfen.

Alles, was Sie in dieser Phase planen, sollte aktivierend und motivierend sein. Die klassischen kooperativen Methoden der Ergebnissicherung, die sich zahlreich in der Literatur und im Internet finden lassen, sind bei der Planung sehr hilfreich, aber für die exakte Fragestellung benötigen Sie etwas Fantasie und Einfühlungsvermögen in Ihre Schüler. Prinzipiell sollten Sie überlegen, was Sie sich vom Abschluss Ihrer Unterrichtssequenz versprechen:

- zusammenfassen und wiederholen
- sichern und dokumentieren
- anwenden und einüben
- Ausblicke geben auf die nächsten Unterrichtssequenzen, Lust auf mehr machen und motivieren für eigene Ideen

Entscheiden Sie danach, welche Methode am besten auch zum Thema passt und in Ihrer Lerngruppe funktioniert. Fühlen Sie sich frei, Methoden auch einfach kreativ abzuwandeln, das heißt verschiedene Methoden miteinander zu verknüpfen, sodass es für Ihre Lerngruppe und Ihren Unterricht am besten passt.

Hier ein paar Vorschläge für Methoden, die auch am Ende einer Unterrichtssequenz noch gut funktionieren. Nähere Erläuterungen zu den einzelnen Methoden und weitere Methoden finden Sie in den Literaturtipps.

Methode	Erläuterung
Knobelfragen	können perfekt in einem Kontext verankert werden
Mysteries Eine Methode, bei der mit ungeordneten Informationskarten die Schüler in Kleingruppen ein Rätsel, Geheimnis oder eine Forscherfrage lösen sollen.	meist hoch motivierend und bettet das ganze Problem noch einmal in einen Kontext ein
Begriffsdomino oder andere Spiele	Fachbegriffe können so noch einmal verinnerlicht werden.
Kawa zu einem Schlüsselbgriff (z. B. aus Einstiegsfrage) Kreative Ausbeute von Wort-Assoziationen ■ Mit Großbuchstaben wird das Thema in die Mitte geschrieben. ■ Wörter, die zum Thema passen, werden mit einem der Großbuchstaben vernetzt ergänzt. 	Durch Assoziationen können z. B. Fachbegriffe im Wissensnetz verankert werden.
weitergehende Fragen von den Schülern stellen lassen	Vorteil: Sie können diese gleich in der nächsten Unterrichtssequenz mit einplanen.
Graffiti ■ Die Lehrkraft bereitet mehrere Flipcharts o. Ä. mit übergeordneten Fragestellungen vor. ■ Die Schüler notieren ihre Ideen möglichst kreativ (Stichpunkte, Sätze, Skizzen etc.) in Kleingruppen auf den Blättern und gehen nach einer bestimmten Zeit zum nächsten Blatt. Ist die Gruppe zurück am Ursprungsblatt, werden die Kommentare geordnet, nach Themen zusammengefasst und dem Plenum vorgestellt.	Wenn Sie diese Methode als Einstieg nutzen, so ist sie auch ein perfekter Ausstieg.
Filme, Lernvideos, Comics etc.	erstellen lassen, interpretieren, anschauen etc.
Twittern	Erstellen Sie eine Twitterwand im Raum, an der am Ende jeder Unterrichtssequenz die Sequenz als Tweet zusammengefasst wird.

4 Schwierige Unterrichtssituationen

Auch wenn viele unserer Kollegen das vielleicht anders sehen mögen, gibt es meiner Meinung nach kein richtiges und falsches Unterrichten per se. Unterrichtsformen müssen zur Unterrichtssituation, zur Lehrperson, zu den Schülern und zu den derzeitigen Bedürfnissen der Umgebung passen. Unterrichtsformen, die nicht dazu passen, werden nicht erfolgreich sein. Gerade in schwierigen Unterrichtssituationen sollten wir als Lehrer Verantwortung für unser eigenes Handeln übernehmen. Somit zwingen wir uns, die Auswirkungen unseres Handelns zu überdenken, bevor wir uns zu einem nächsten Schritt entschließen.

Grundsätzlich gilt: Wer nicht führt, der wird geführt. Übernehmen Sie nicht die Führung in der Klasse, übernehmen es die Schüler. In der Arbeit mit schwierigen Klassen ist dabei fast immer ein direkter Führungsstil geeignet. Dieser schafft klare Verhältnisse, ist offen und ehrlich. Besonders schwierigeren Schülern, also Schülern mit sozio-emotionalen Beeinträchtigungen, Schülern mit Förderschwerpunkt „Lernen“, Schülern mit ADHS, Autismus, Dyslexie, Dyskalkulie u. Ä. fällt es oft leichter, klare Anweisungen zu befolgen. Klare Anweisungen sind kurz, überschaubar und der Schüler muss nicht lang darüber nachdenken. Auch wenn diese Art der Klassenführung erst einmal von außen als „fremdbestimmt“ erscheinen mag, so vermittelt sie doch ein hohes Maß an Sicherheit für den Schüler. Ein direkter Führungsstil muss dabei aber nicht zwingend autoritär sein, sondern kann ebenso gut kooperativ oder situativ angelegt sein. Am wichtigsten ist, dass Sie glaubhaft bleiben und eine Beziehung zu Ihren Schülern aufbauen. Grundsätzlich sollte im Lehrberuf Erziehen vor dem Unterrichten kommen, denn wenn Ihre Schüler nicht „bei“ Ihnen sind, dann brauchen Sie mit dem Unterrichten erst gar nicht zu beginnen.

4.1 Schwierige Situationen und Störungen im Chemieunterricht

Als schwierige Unterrichtssituationen werden meist die empfunden, die von Störungen geprägt sind, das heißt, wenn der Lehr- und Lernprozess beeinträchtigt oder evtl. sogar unmöglich gemacht wird. Ein ungestörter Unterricht ist jedoch eine Fiktion und die Schwere einer Unterrichtsstörung hängt von dem persönlichen Empfinden der Beteiligten ab. Die häufigsten Unterrichtsstörungen, die Lehrkräfte als Störungen empfinden, sind:

- dazwischenreden
- keine Lust auf Unterricht
- hoher Bewegungsdrang
- Aggressionen

Schaut man sich die Unterrichtsstörungen aber aus Sicht der Schüler an, so kommt es häufig zu einem ganz anderen Bild:

- Schüler haben Lern- oder Lebensprobleme.
- Der Unterricht wird als langweilig empfunden.
- Der Sinn des Unterrichts wird nicht erkannt.

Um schwierige Unterrichtssituationen beherrschen zu können, müssen Sie sich zunächst über ein paar Dinge Gedanken machen.

4.1.1 *Was löst die schwierigen Situationen und Störungen aus?*

Ursachen für Unterrichtsstörungen sollten immer differenziert betrachtet werden:

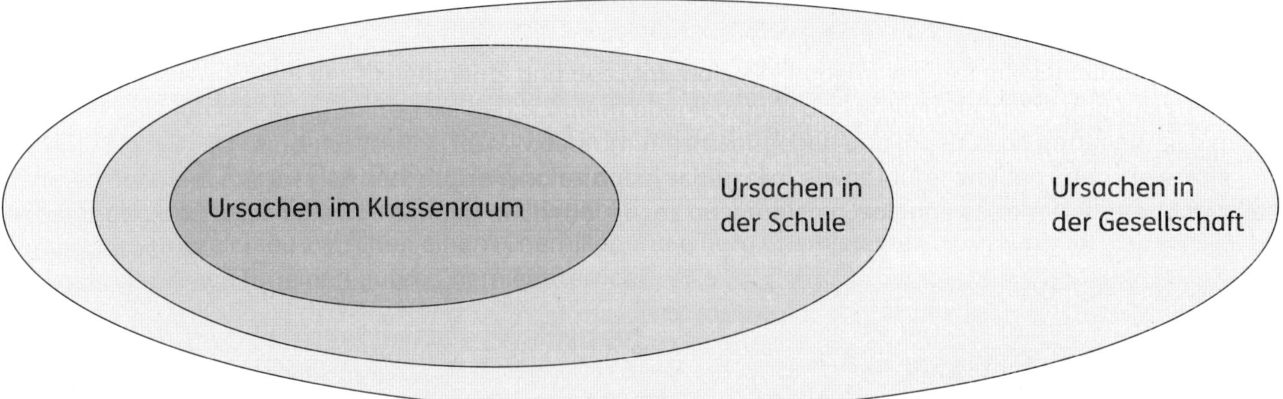

Welche Ursachen kann es in Ihrem Klassenraum für die Unterrichtsstörungen geben? Hier ein paar Punkte, die erfahrungsgemäß zu Unterrichtsstörungen führen können. Die Liste ist dabei sicher noch nicht vollständig und nicht alle Punkte müssen auf Ihre Situation zutreffen.

Unterrichtsstörungen im Klassenraum	
Rahmenfaktoren	**Unterrichtsplanung**
■ häufiger Unterrichtsausfall ■ späte Unterrichtszeit ■ schlecht ausgestatteter oder zu kleiner Fachraum ■ ungenügende Materialausstattung ■ Lärmbelästigung ■ andere Personen betreten den Raum während des Unterrichts ■ Wetter ■ …	■ Inhalt zu leicht oder zu schwer ■ Inhalt betrifft nicht Lebenswelt der Schüler ■ Lernziel nicht erkennbar ■ keine gute Unterrichtsführung/Methodik ■ keine Experimente/Beispiele u. Ä. ■ keine Sinnstiftung ■ …
Lehrer	**Schüler**
■ kommt zu spät ■ ist müde und unmotiviert ■ schlecht vorbereitet ■ keine klaren Arbeitsanweisungen ■ Unterrichtsplan funktioniert nicht ■ schlechtes Zeitmanagement ■ unverständliche Aussprache ■ …	■ kommen zu spät oder gar nicht ■ machen keine Hausaufgaben ■ verweigern Arbeit und sind desinteressiert ■ führen Privatgespräche ■ reden dazwischen ■ ärgern sich gegenseitig ■ zerstören Dinge ■ nutzen ihr Smartphone ■ verlassen ungefragt den Raum ■ sind krank ■ …

Weitere Ursachen können aber auch in der Schule oder im System Schule an sich liegen:

Schwierige Unterrichtssituation ausgelöst durch die Schule	
Lehrplan	**Schulhaus**
■ ist veraltet oder ganz neu ■ macht Unterrichtsziele nicht deutlich ■ ist unklar in der Bewertung des Unterrichts ■ gibt keine ausreichende Hilfestellung für Differenzierungsmöglichkeiten ■ wurde schlecht implementiert ■ …	■ zu geringe finanzielle Ausstattung des Fachbereichs ■ keine oder nicht genügend Fachräume ■ Fachräume werden nachmittags anderweitig genutzt, dadurch keine längerfristige Vorbereitung möglich ■ Vorbereitungsraum zu klein, um ausreichend Experimentiermaterial zu lagern ■ …
Schulkultur	**Stundenplan**
■ Konflikte mit anderen Kollegen/Schulleitung ■ Uneinigkeit im Fachbereich ■ häufige Vertretungen und damit weniger Zeit für Unterrichtsvorbereitung ■ Unterrichtsmaterial verschwindet aus dem Fachraum und wird nicht zurückgebracht ■ …	■ Ihr eigener Stundenplan lässt nicht genügend Zeit zur Experimentvorbereitung / zum Aufräumen zu ■ Vergabe von Einzelstunden statt Doppelstunden ■ keine Doppelsteckung bei großen Klassen ■ …

Und schließlich finden sich auch Ursachen für schwierige Unterrichtssituationen im Elternhaus und in der Gesellschaft:

Schwierige Unterrichtssituation ausgelöst durch die Gesellschaft	
Bildungspolitische Maßnahmen	**Gesellschaftliche Konventionen**
■ Klassengrößen ■ Einzugsbereiche für Schulen ■ unterschiedliche Bezahlung von Lehrkräften ■ ungenügende Vorbereitung auf Inklusion ■ ungenügende finanzielle Ausstattung der Schulen ■ zunehmende Mehrbelastung der Lehrer ■ Lehrermangel ■ …	■ Chemiekonzerne und Pharmaindustrie als „Unheilbringer“ und damit einhergehend das geringe Ansehen des Fachs Chemie ■ Herdentrieb – es ist gerade topaktuell, sich gegen Chemikalien in allen Lebensbereichen aufzulehnen und damit gegen alles, was damit zusammenhängt ■ Stellung des Lehrberufs in der Gesellschaft
Elternhaus	
■ erlerntes Verhalten vom Elternhaus, Eltern haben oft eine andere Vorstellung von Bildung als Lehrer ■ kein Interesse an Bildung der Kinder ■ zu hoher Anspruch an Bildung der Kinder ■ …	

4.1.2 *Was möchte ich im Unterricht erreichen?*

Machen Sie sich zunächst über folgende Fragen Gedanken. Machen Sie sich zu jeder Frage ein paar kurze Stichpunkte:

Welche Ziele über die einzelnen Unterrichtsziele hinaus möchte ich mit den Lernenden erreichen?

Welche Erwartungen habe ich an die Lernenden?

Was biete ich den Lernenden?

Nach welchen Werten gestalte ich meinen Unterricht?

Was akzeptiere ich in meinem Unterricht und wann beginnt meine Konfrontation?

Schauen Sie jetzt noch einmal ganz genau auf Ihre Ziele, die Sie erreichen möchten. Sind Ihre Ziele SMART? Das heißt, sind Ihre Ziele:

Spezifisch (eindeutig definiert)
Messbar
Achievable – erreichbar (ansprechend und erstrebenswert)
Realistisch (möglich und realisierbar)
Terminiert (mit einem fixen Datum / wiederkehrendem Zeitpunkt / Dauer festgelegt)

Ruhe und Harmonie im Klassenraum ist sicher ein verständliches Ziel, aber ist es auch SMART? SMARTe Ziele wären z. B.:

Transparenz – jeweils zu Beginn jeder Unterrichtssequenz gebe ich den voraussichtlichen Verlauf / das Unterrichtsziel bekannt.

- Aufbau von Vertrauen – zu Beginn jeder Unterrichtssequenz nehme ich mir x Minuten Zeit, um mich mit den Fragen und Bedürfnissen meiner Schüler zu beschäftigen.
- Klarheit – Bewertungskriterien für Klassenarbeiten, Vorträge, Protokolle, Portfolios etc. gebe ich vor Anfertigung der Arbeiten schriftlich bekannt.
- ...

Überdenken Sie evtl. nun noch einmal Ihre Ziele und formen Sie diese in SMARTe Ziele um.
Häufig haben wir sehr hohe Erwartungen an unsere Schüler wie z. B. aufmerksam sein, motiviert sein, Respekt haben, ehrlich sein, zu eigenen Fehlern stehen u. v. m. Gerade im Umgang mit schwierigen Schülern können diese vielen Erwartungen oft zu hoch gegriffen sein. Reduzieren Sie Ihre Erwartungen auf die drei Punkte, die Ihnen am allerwichtigsten erscheinen.

Was können Sie als Lehrer eigentlich Ihren Schülern bieten? Die Antwort ist ganz einfach: Was Sie von Ihren Schülern erwarten, sollten Sie gleichermaßen auch bieten können. Das wären z. B. Punkte wie: pünktlicher Unterrichtsbeginn, vorbereiteter Unterricht, pünktlicher Unterrichtsschluss, respektvolles Verhalten, Ehrlichkeit u. v. m.

Auch die Werte, die Ihnen im Unterricht wichtig sind, sollten Sie nicht von der ersten Minute von Ihren Schülern erwarten, Sie sollten sie aber vom ersten Moment an vorleben. Den meisten Menschen würde es schwerfallen, nach bestimmten Werten zu leben, die sie nie durch andere Menschen erfahren durften. Hier benötigt es ein großes Päckchen Selbstdisziplin, seinen Werten auch in schwierigen Unterrichtssituationen treu zu bleiben. Aber das macht Sie authentisch und früher oder später erfolgreich.
Aber natürlich haben auch Sie Grenzen und es ist hilfreich, sich diese Grenzen ganz genau bewusst zu machen. Ihren Schülern verschafft es auch Klarheit, wenn ihnen bewusst ist, ab welchem Punkt eine Grenze überschritten ist.

Versuchen Sie nun, aus all den gewonnenen Erkenntnissen eine Liste mit Verhaltensregeln und Erwartungen an Ihre Klasse zu entwickeln. Denken Sie dabei bitte auch „weniger ist mehr". Sie wollen Ihre Schüler ja nicht gleich in der ersten Stunde überfordern. Drucken Sie diese Regeln für alle aus, sodass Ihre Schüler sie einheften können. Damit sind die Regeln klar und einsehbar für Sie und die Schüler. Bewährt für eine Regelübersicht hat sich die Tabellenform. Hier ist ein Vorschlag für einen möglichen Aufbau, den Sie natürlich beliebig anpassen können. Konsequenzen können Sie auch zusätzlich zur Erklärung nach Belieben mit Noten oder Strichlisten oder anderen Sanktionen füllen.

Verhaltensregeln und Erwartungen im Chemieunterricht		
Thema	**Erwünschtes Verhalten**	**Konsequenzen bei Nichterfüllung**
Unterrichtsbeginn	Mit dem Klingelzeichen sitzen alle Schüler auf ihrem Platz.	Wer zu spät kommt, verpasst im Zweifel die Sicherheitseinweisung o. Ä. und kann nicht experimentieren.
	Lange Haare sind zusammengebunden.	Die Haare könnten beim Experimentieren beginnen zu brennen.
Unterrichtsmaterial	Auf dem Tisch befindet sich etwas zu schreiben und der Chemiehefter/das Chemiebuch ..., alles Weitere befindet sich in der Schulmappe.	Durch unsauberes Experimentieren können deine persönlichen Sachen kaputt gehen.
Hausaufgaben	Die Hausaufgaben sind pünktlich und vollständig abzugeben.	Bewertung mit „ungenügend“.
	Bei Krankheit ist der verpasste Stoff selbstständig nachzuholen. Verpasste Arbeitsblätter u. Ä. gibt es beim Lehrer.	In Tests oder Klassenarbeiten fehlt dir sonst das Wissen.
Chemieraum	Im Chemieraum wird nicht gegessen und getrunken.	Du weißt nie, welche Chemikalien zuvor auf dem Tisch waren. Achtung: Vergiftungsgefahr/Verätzungsgefahr.
	Es wird nicht getobt, gerannt und es werden keine Dinge geworfen.	Stößt du ein Reagenzglas oder den Bunsenbrenner deines Nachbarn um, kann das böse Folgen haben. Bei Wiederholungen wirst du aus Sicherheitsgründen vom Unterricht ausgeschlossen.
Allgemeines	Melden statt Reinrufen.	Aufgrund der Unruhe wird der Beitrag nicht gehört.
	Schummeln bringt dich nicht weiter.	Bewertung mit ungenügend.
Unterrichtsstörungen u. a.	Wenn du aufstehen musst, frage bitte vorher.	Du störst die anderen Schüler beim Arbeiten und gefährdest evtl. ihre Experimente.
	Unterhalte dich nicht permanent mit deinem Nachbarn und wenn es mal sein muss, dann bitte leise.	Du verpasst evtl. wichtige Hinweise zum Arbeitsauftrag oder Sicherheitsinformationen zum Experiment und wirst im Zweifel vom Experimentieren ausgeschlossen.
Nebenbeschäftigungen u. a.	Hausaufgaben der anderen Fächer mache bitte zu Hause.	Du verpasst evtl. wichtige Sicherheitsinformationen zu den Experimenten und wirst im Zweifel vom Experimentieren ausgeschlossen. Durch unsauberes Experimentieren könnten deine Materialien zerstört werden.
	Spiele, die nicht zum Unterricht gehören, haben hier keinen Platz.	

Ob Sie Ihre Verhaltensregeln mit Strafen sanktionieren oder nur mit Hinweisen zum Verständnis begründen, bleibt Ihnen überlassen. Wichtig ist, dass Sie Ihren Erwartungsbogen auch mit den Schülern besprechen. Den Schülern sollte klar sein, warum Ihnen gerade diese Dinge so wichtig sind und warum Sie bestimmte Konsequenzen einfach ziehen müssen. Lassen Sie sich dabei ruhig auch auf Rückfragen der Schüler ein.

Oft ist es auch interessant, von den Schülern zu erfragen, was sie eigentlich vom Chemieunterricht erwarten. Die Erwartungen der Schüler kann man ggf. sogar mit Ihrem Erwartungsbogen abgleichen. Mit älteren Schülern kann man sich ruhig auf kleine Handel einlassen und daraus einen gemeinsamen Erwartungsbogen formulieren. Das hat den Vorteil, dass alle an der Ausarbeitung beteiligt waren und der Erwartungsbogen somit eine höhere Akzeptanz in der Klasse bekommt.

Um die Erwartungen der Klasse an den Chemieunterricht abzufragen, können Sie einen einfachen anonymen Fragebogen ausgeben (siehe folgende Seite). Spaß macht es aber auch, wenn Sie z. B. Flipchartblätter (oder andere große Blätter) mit jeweils einer der Fragen versehen und die Schüler Klebezettel mit ihren Antworten schreiben lassen, die sie entsprechend aufkleben. Die Ergebnisse bzw. Zusammenfassungen der einzelnen Poster könnten dann die Schüler sogar in Gruppenarbeit selbst vornehmen und jeweils einen Vorschlag für die Anpassung Ihres Erwartungsbogens geben. Bei schwierigen Klassen ist das ein Zeitaufwand, der sich durchaus lohnen kann.

Fragebogen: Mein Traum vom Chemieunterricht

Ich würde gern den Chemieunterricht so angenehm wie möglich gestalten. Ich hoffe, das gelingt mir, wenn ich auf deine Interessen eingehe. Bitte fülle daher den Fragebogen ehrlich aus. Du musst keinen Namen angeben, der Fragebogen ist anonym.

Das gehört für mich zum Fach Chemie:

Folgendes aus dem Fach Chemie finde ich besonders interessant:

Mein Chemielehrer sollte ...:

Der Chemieunterricht könnte ...:

Das macht mir Bauchschmerzen wenn ich an den Chemieunterricht denke:

Was ich noch sagen wollte:

4.1.3 *Welche Dinge kann ich bereits präventiv auffangen?*

Auch im Vorhinein kann man als Lehrer selbst eine Menge tun, um Unterrichtsstörungen entgegenzuwirken. Grundsätzlich gilt dabei immer: Wenn Ihr Unterricht interessant und abwechslungsreich ist und die Schüler an ihrem Punkt abholt, dann reduzieren sich die Unterrichtsstörungen bereits von allein. Je mehr Sie sich bei der Vorbereitung des Unterrichts in Ihre Schüler hineinversetzen, desto eher wird der Unterricht auch gelingen.

- ***1. Arbeitsaufträge:***

Formulieren Sie Arbeitsaufträge vollständig und in angemessener Sprache. Zu einem vollständigen Arbeitsauftrag gehören: Aufgabenstellung, Zeitangabe, Hilfsmittel und Sozialform. Für viele Kinder kann es von Vorteil sein, wenn Sie Ihre Abseitsaufträge außerdem in Leichter Sprache formulieren. Auf www.leichte-sprache.de finden Sie u. a. Regeln für Leichte Sprache. Geeignet ist dies für alle, die Schwierigkeiten mit dem Lesen und Schreiben und der deutschen Sprache an sich haben. Zu den wichtigsten Regeln gehören dabei: kurze Sätze, einfache und kurze Wörter, immer dieselben Wörter für dieselben Dinge, keine Abkürzungen, viele Verben, aktive Verben, kein Genitiv, kein Konjunktiv, sprechen Sie den Leser persönlich an u. v. m. Üben Sie einmal in Ruhe, einen Text in Leichter Sprache zu formulieren, und lassen Sie vor allem Ihre Texte von jemandem prüfen, bevor Sie diese an Ihre Schüler geben. Es gibt auch für Menschen mit Lese-Rechtschreibschwäche spezielle Schriftarten, welche ihnen das Erkennen von Buchstaben erleichtern sollen. Laden Sie sich z. B. auf www.dyslexiefont.com die entsprechende Schriftart herunter und schreiben Sie Ihre Arbeitsaufträge in dieser Schriftart.
Auf www.hurraki.de gibt es auch bereits schon einige Texte in Leichter Sprache vorformuliert. Hier daraus als Beispiel ein Ausschnitt aus dem Eintrag zum Wasserkreislauf:

Der Wasser·kreis·lauf geht so:

1. Regen oder Schnee fällt vom Himmel (aus den Wolken)
2. Wasser sammelt sich am Boden (zum Beispiel in Flüssen)
3. Wasser vom Boden läuft ins Meer
4. Wasser steigt in den Himmel (und sammelt sich in den Wolken)

2. Gruppeneinteilung:

Wenn Sie die Gruppenbildung dem Zufall überlassen wollen, dann finden Sie im Netz zahlreiche Ideen für spielerische Methoden zur Gruppenbildung. Wenn Sie diese Methoden noch mit etwas Chemiewissen verbinden, so haben Sie sogar einen unterhaltsamen Einstieg oder eine Wiederholungsübung eingebaut, z.B:

- *Periodensystem:* Verteilen Sie willkürlich (oder systematisch) Kärtchen auf dem jeweils ein Element steht. Bitten Sie nun die Schüler, sich in Perioden, Hauptgruppen, Salzen, Eigenschaften o. Ä. zusammenzufinden.
- *Formeln:* Verteilen Sie Kärtchen mit jeweils Strukturformel, Summenformel und Name der Verbindung. Die Schüler finden sich in Dreiergruppen zusammen.
- *Reaktionsgleichungen:* Auf einem Kärtchen stehen die Edukte, auf einem anderen die Produkte. Die Schüler finden sich in Paaren zusammen.

In schwierigen Klassen kann es sinnvoll sein, sich vorher Gedanken darüber zu machen, wer mit wem in einer Gruppe zusammenarbeiten sollte. Oft liegt hier die Entscheidung erst einmal darin, welche Gruppenzusammensetzungen überhaupt funktionieren. Wenn Sie eine Expertengruppe bilden, die sich überhaupt nicht ausstehen kann, haben Sie auch nichts gewonnen. Gerade wenn die Schüler Gruppenarbeit noch nicht gewohnt sind, sollten Sie diese sanft einführen. Schauen Sie erst einmal, wer mit wem gut zusammen arbeiten kann, und variieren Sie darin ein wenig. Haben Sie die Gruppenarbeit irgendwann gut etabliert, dann können Sie einmal schwierigere Konstellationen ausprobieren. Haben Sie aber einen Plan B im Kopf, falls eine Gruppe nicht funktioniert. Machen Sie sich bewusst, dass gerade für schwierige

Klassen Gruppenarbeit sehr schwer sein kann, aber es lohnt sich, darin Zeit zu investieren. Früher oder später können Sie dann die Gruppenarbeit wunderbar zur Differenzierung nutzen und Sie erhalten die Gelegenheit, mit den einzelnen Gruppen zu interagieren und individuell zu fördern.

3. Lebensweltbezug:
Wie bereits mehrfach erwähnt, machen Sie Ihren Schülern klar, warum Sie den Unterrichtsstoff lernen sollen, welche Bedeutung dieser für ihr eigenes Leben hat. Wenn Ihre Schüler das Problem oder die Fragestellung als ihre eigene angenommen haben, dann steigt automatisch die Motivation zur Bewältigung der Aufgabe.

4. Evaluation:
Machen Sie hin und wieder eine kleine Mini-Evaluation in Ihrer Klasse, um zu schauen, ob Ihre Methoden und Inhalte auf Anklang stoßen und verstanden werden. Eine schöne und leicht umsetzbare Methode stellt dabei das Stimmungsbarometer dar. Definieren Sie eine 0%-Linie (z. B. die Tafel) und eine 100%-Linie (z. B. die Tür). Stellen Sie nun Fragen an die Klasse, sodass sich die Schüler entlang dieser gedachten Linie bei jeder Frage neu positionieren müssen, z. B.:

Auf einer Skala von 0 bis 100, wo ordnest du dich ein?
- Ich habe die Aufgabenstellung verstanden.
- Die Durchführung des Experiments fiel mir leicht.
- Die Auswertung des Experiments fiel mir leicht.
- Ich konnte mir Hilfe bei meinen Mitschülern holen.
- Ich habe meinen Mitschülern geholfen.
- Das Atommodell habe ich verstanden.
- Ich weiß, was eine Redoxreaktion ist.
- u. v. m.

Sprechen Sie zwischen den Fragen auch ruhig mal mit ein oder zwei Schülern und fragen Sie diese, warum sie sich an dieser Stelle positioniert haben. Insbesondere Schüler, die ganz allein stehen, sollten Sie kurz ansprechen und fragen, ob sie ein Feedback geben möchten. Gehen Sie hier aber besonders einfühlsam vor und akzeptieren Sie, wenn der Schüler nicht antworten möchte. Sie möchten ja Mut machen, dass man auch allein stehen kann und darf. Fragen Sie auch einige Schüler, was anders sein müsste, damit sie sich das nächste Mal auf einer höheren Prozentzahl einordnen können. Achten Sie auch hier darauf, dass die Antworten freiwillig erfolgen, ansonsten riskieren Sie, dass Sie beim nächsten Mal ein falsches Feedback erhalten.

4.2 Schüler mit dem Förderschwerpunkt „Lernen“ im Chemieunterricht

In dem Beschluss der Kultusministerkonferenz (KMK) von 1999 heißt es zum Förderschwerpunkt „Lernen“: „Sonderpädagogische Förderung im Bereich des Förderschwerpunkts „Lernen“ orientiert sich grundsätzlich an den Bildungs- und Erziehungszielen der allgemeinen Schule und erfüllt Bildungsaufgaben, die sich aus der Lebenswirklichkeit der Schülerinnen und Schüler mit Beeinträchtigungen des „Lernens“ ergeben. Sie fördert durch geeignete und strukturierte Lernsituationen vor allem Denkprozesse, sprachliches Handeln, den Erwerb von altersentsprechendem Wissen, emotionale und soziale Stabilität sowie Handlungskompetenz.“
Die KMK empfiehlt dabei folgendes Vorgehen: „Sonderpädagogische Förderung unterstützt und begleitet die Schülerinnen und Schüler durch möglichst frühzeitig einsetzende Hilfen. Dabei gilt es, soziokulturell bedingte Benachteiligungen und soziale Randständigkeit zu berücksichtigen sowie psychosoziale Verletzungen zu beachten. Auswirkungen von Beeinträchtigungen vor allem in den grundlegenden Bereichen der Lernentwicklung wie Denken, Gedächtnis, sprachliches Handeln, Wahrnehmung, Motorik, Emotionalität und Interaktion werden gemindert und durch Förderung individueller Stärken kompensiert.“

Im Rahmen des gemeinsamen Unterrichts werden inzwischen immer mehr Schüler mit dem Förderschwerpunkt „Lernen“ an allgemeinbildenden Schulen inkludiert. Mit der Entscheidung, ob ein entsprechendes Kind in Ihrem Unterricht dabei ist oder nicht, haben Sie als Fachlehrer meist nichts zu tun. Ihnen bleibt nur übrig, nach den obenstehenden Anforderungen der KMK zu handeln. Es gibt aber ein paar Grundgedanken, die Sie bei der Unterrichtsplanung für diese Schüler berücksichtigen können:

- Schüler mit dem Förderschwerpunkt „Lernen“ müssen nicht in allen Unterrichtsfächern nach den Lernzielen der allgemeinbildenden Schule unterrichtet werden.
- Meist geht es bei diesen Schülern zunächst erst einmal um Stärkung von Selbstvertrauen, Selbstwertgefühl, Leistungsbereitschaft und Frustrationstoleranz.
- Durch kooperative Lernformen können Beziehungen zu anderen Kindern aufgebaut werden, ohne dass ein Leistungsziel im Vordergrund stehen muss.
- Die Kinder sollen ihre eigenen Fähigkeiten erkennen und erleben können, und lernen, diese selbstständig und gewinnbringend einzubringen.

Die meisten Bundesländer haben inzwischen eigene Lehrpläne für den Förderschwerpunkt „Lernen“ entwickelt. Haben Sie ein entsprechendes Kind in Ihrer Klasse, dann nehmen Sie sich die Zeit und lesen Sie darin und machen Sie sich mit den Anforderungen an diese Schüler vertraut. Recherchieren Sie auch, ob – und wenn ja, welche – Schulabschlüsse für diese Schüler in Ihrem Bundesland möglich sind und was die Anforderungen sind. Meist kommt für den Förderbereich „Lernen“ im Rahmenlehrplan das Fach Chemie gar nicht vor, sondern wird zusammengefasst mit Biologie und Physik unter Naturwissenschaften und außerdem sind die Naturwissenschaften meist nicht prüfungsrelevant. Sie können sich also in Ruhe auf Kompetenzförderung wie beobachten und beschreiben, Experimente nach Anweisung durchführen, Ergebnisse dokumentieren usw. konzentrieren.

Für Schüler mit dem Förderschwerpunkt „Lernen“ haben sich sogenannte Lernaufgaben bewährt. Lernaufgaben dienen dem Kompetenzerwerb durch aufeinander aufbauende Aufgaben, die zu einem Lernprodukt führen. Sie vermitteln Wissen in einem sinnstiftenden Kontext, sind motivierend, verständlich und durch passende Materialien unterstützt. Die Lernprodukte können dabei unterschiedlich und individuell ausfallen. Nach Leisen (2010) konstruiert man Lernaufgaben nach folgendem Schema:

1. Das Lernthema festlegen (z. B. alkoholische Gärung am Beispiel von Hefepilzen).
2. Aufgabenteile zusammensuchen (Mikroskopieren, Experimentieren).
3. Das neu zu Lernende festlegen (z. B. Temperaturabhängigkeit der CO_2-Bildung).
4. Klären, ob das neu zu Lernende von den Lernenden selbstständig bearbeitbar ist (von z. B. Kollegen gegenlesen lassen).
5. Informationen zur Auswertung zusammenstellen und Lernprodukt festlegen (z. B. einen Hefekuchen backen).
6. Eine Ablaufstruktur festlegen (Einführung und Abschluss nicht vergessen).
7. Bearbeitungsaufträge formulieren, Materialien und Hilfen erstellen (ggf. Lernaufgaben auf unterschiedlichen Niveaustufen entwerfen).

Für den allgemeinen Chemieunterricht sind Lernaufgaben meist mit drei bis vier Doppelstunden zu zeitaufwändig, um damit den Unterricht dauerhaft zu bestreiten, denn auch Förderaufgaben, Diagnoseaufgaben und Leistungsaufgaben brauchen ihren Platz und haben ihre Berechtigung. Jedoch können Sie sich überlegen, ob Sie für Ihre Schüler mit dem Förderschwerpunkt „Lernen“ nicht Lernaufgaben in den Vordergrund stellen, da die anderen Aufgabentypen für diese Schüler meist eine untergeordnete Rolle spielen. Haben Sie die Lernaufgaben gut formuliert und Ihren besonderen Schülern gut angepasst, so werden diese auch nach einer Weile selbstständig daran arbeiten. Im Folgenden finden Sie eine Beispiellernaufgabe für Schüler mit dem Förderschwerpunkt „Lernen“. Auf dem Bildungsserver Berlin-Brandenburg im Fachbereich Chemie finden Sie auch dazugehörig Lernaufgaben zum selben Thema für zwei weitere höhere Niveaustufen (siehe Literaturtipps).

Lernaufgabe:
Hefen – chemische Helfer im Haushalt und in der Lebensmittelindustrie

Eine exemplarische Lernaufgabe[4] für die Jahrgangsstufe 9
für Schüler des Förderschwerpunktes „Lernen" zum Themenfeld:

Alkohole – vom Holzgeist zum Glycerin

(Zeit: 3–4 Doppelstunden)

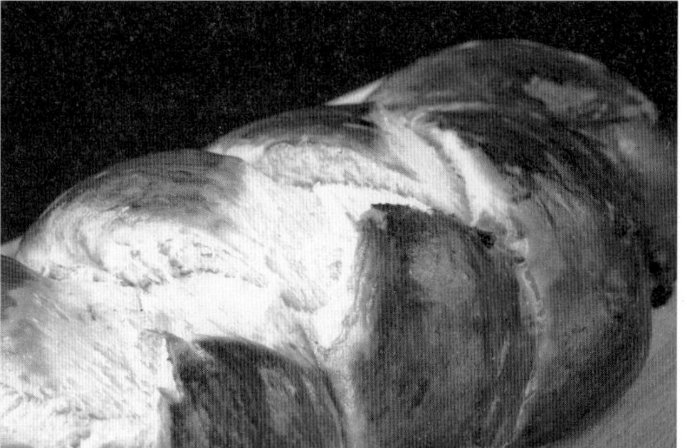

[4] Die Aufbaustruktur der Lernaufgabe ist auch auf andere Jahrgänge übertragbar.

Rahmenlehrplanbezug Chemie Berlin-Brandenburg

Themenfeld	3.10: Alkohole – vom Holzgeist zum Glycerin
Kompetenzbereich(e) **(fett = Schwerpunkt)**	Mit Fachwissen umgehen **Erkenntnisse gewinnen** Kommunizieren
wesentliche Standards	Die Schülerinnen und Schüler können ... ■ vorgegebene Experimente unter Anleitung durchführen (2.2.2.3. C), Experimente nach Vorgaben planen und durchführen (2.2.2.3 D/E). ■ Untersuchungen beschreiben (2.3.2.3 C), Untersuchungen nach Vorgabe protokollieren (2.3.2.3 D). ■ Daten in Tabellen eintragen (2.3.2.1 C), Daten in Tabellen darstellen (2.3.2.1 D). ■ Untersuchungsergebnisse beschreiben (2.2.2.4 C/D).
Niveaustufe(n)	C–E
Bezug zum Basiscurriculum Sprachbildung	Die Schülerinnen und Schüler können ... ■ Beschreibungen unter Nutzung geeigneter Textmuster und -bausteine sowie Wortlisten schreiben (1.3.4.1 D). ■ Arbeitsergebnisse aus Einzel-, Partner- und Gruppenarbeit präsentieren (1.3.3.1 D/G).
Bezug zum Basiscurriculum Medienbildung	Die Schülerinnen und Schüler können ... ■ Suchstrategien zur Gewinnung von Informationen aus unterschiedlichen Quellen anwenden (2.3.1.2 D). ■ eine Präsentation von Lern- und Arbeitsergebnissen sach- und situationsgerecht gestalten (2.3.3.2 D).
Bezug zu den übergreifenden Themen	---
Verschlagwortung	Hefe, Biokatalysator, Gärung, Alkohol

Didaktischer Kommentar

Möglichkeit zur thematischen Einbettung in den Unterricht

Diese Lernaufgabe ist in der Jahrgangsstufe 9 bei der Behandlung des Themenfeldes 10 „Alkohole – vom Holzgeist zum Glycerin“ gemeinsam mit den Lernaufgaben der Niveaustufen E-G einsetzbar. Vorwissen zum Thema Alkohol ist hierbei nicht zwingend nötig.

Hinweis: Im Rahmenlehrplan Berlin-Brandenburg werden aufeinander aufbauende Kompetenzbeschreibungen in Niveaustufen von A–H angegeben. Jedem Schultyp und jeder Jahrgangsnummer ist ein idealtypischer Niveaustufenbereich zugeordnet. A entspricht dabei dem Schulbeginn und H dem erfolgreichen Abschluss nach der 10. Klasse auf dem Gymnasium.

Zielstellung

Ziel dieser Anwendungsaufgabe ist es vor allem, Alltagserfahrungen mit naturwissenschaftlichen Kompetenzen zu verknüpfen bzw. neu zu erwerben, um die Wirkungsweise von Hefe zu verstehen und auf die selbstständige Zubereitung eines Hefekuchens anzuwenden.

Hintergrund zur Erstellung der Aufgabe und Stolpersteine

Die Lernaufgabe für den Förderbereich „Lernen“ wurde in den Niveaustufen C–D geplant. Hierbei wurde darauf geachtet, dass in der Aufgabe nach oben differenziert wurde, das heißt, es wurde Wert darauf gelegt, dass alle Schüler zunächst mit möglichst wenig Hilfestellung mit den Aufgaben beginnen können. Sowohl im Experiment „Der Hefe auf der Spur“ als auch bei den Aufgaben zu „Einen Hefeteig backen“ werden zusätzliche Experimente bzw. Aufgaben mit leicht höherem Anforderungsniveau angeboten. Hierbei empfehle ich, nur die Schüler, die das möchten, alle Experimente durchführen zu lassen bzw. eine weitere Wahlaufgabe lösen zu lassen.

Der Einstieg in die Lernaufgabe erfolgt über einen direkten Lebensweltbezug, das Essen. Als Kostprobe empfehlen sich z.B. Toastbrot und Kekse. Die Benennung mit „Hefezopf“ ist dabei absichtlich gewählt, um den Einstieg in die Aufgabe zu erleichtern. Stolpersteine ergeben sich meist bei „Brioche“, da der Begriff nicht allen Schülern bekannt ist. Eine kurze Erläuterung, z.B. „süßes Brötchen“, kann hier weiterhelfen.

Weitere Stolpersteine ergeben sich beim Lesen der Versuchsanleitung. Es hat sich bewährt, dass sich die Schüler die Aufgabenstellungen gegenseitig vorlesen und noch einmal in eigenen Worten wiederholen, was zu tun ist. Im Allgemeinen arbeiten die Schüler im Anschluss weitgehend selbstständig.

Die Aufgabe A2 stellt den größten Schwierigkeitsgrad in den Aufgaben dar. Die Schüler wissen oft mit den Begriffen „Gemeinsamkeiten“ und „Unterschiede“ nicht sofort etwas anzufangen. Bei dieser Aufgabe ist oft eine Unterstützung durch Begriffsbildung nötig.

Variation

Viele Schüler aus dem Förderbereich „Lernen“ sind handwerklich sehr begabt. Oft gibt es Schüler, die eine Leidenschaft für das Backen entwickelt haben. Auf jeden Fall ist der Backprozess an sich für fast alle Schüler der Höhepunkt der Aufgabe. Hier agieren sie in ihrer Komfortzone. Als Variation könnte die Erarbeitung der Lernaufgabe komplett in die Küche verlegt werden.

Reflexion des Lernprozesses und der Lernergebnisse im Unterricht

Die Reflexion des Lernprozesses sollte beim Kuchenessen erfolgen. Hier kann man noch einmal Fragen stellen wie:

- Was sind Hefen?
- Wie kommen denn die Löcher in den Teig?
- Bei welcher Temperatur lasse ich die Hefe gehen?
- Was brauche ich für einen Hefeteig?

Schülerarbeitsblatt: Ich erkenne Hefegebäck

1. **Welches der Gebäckstücke ist aus Hefeteig hergestellt? Kreuze an.**

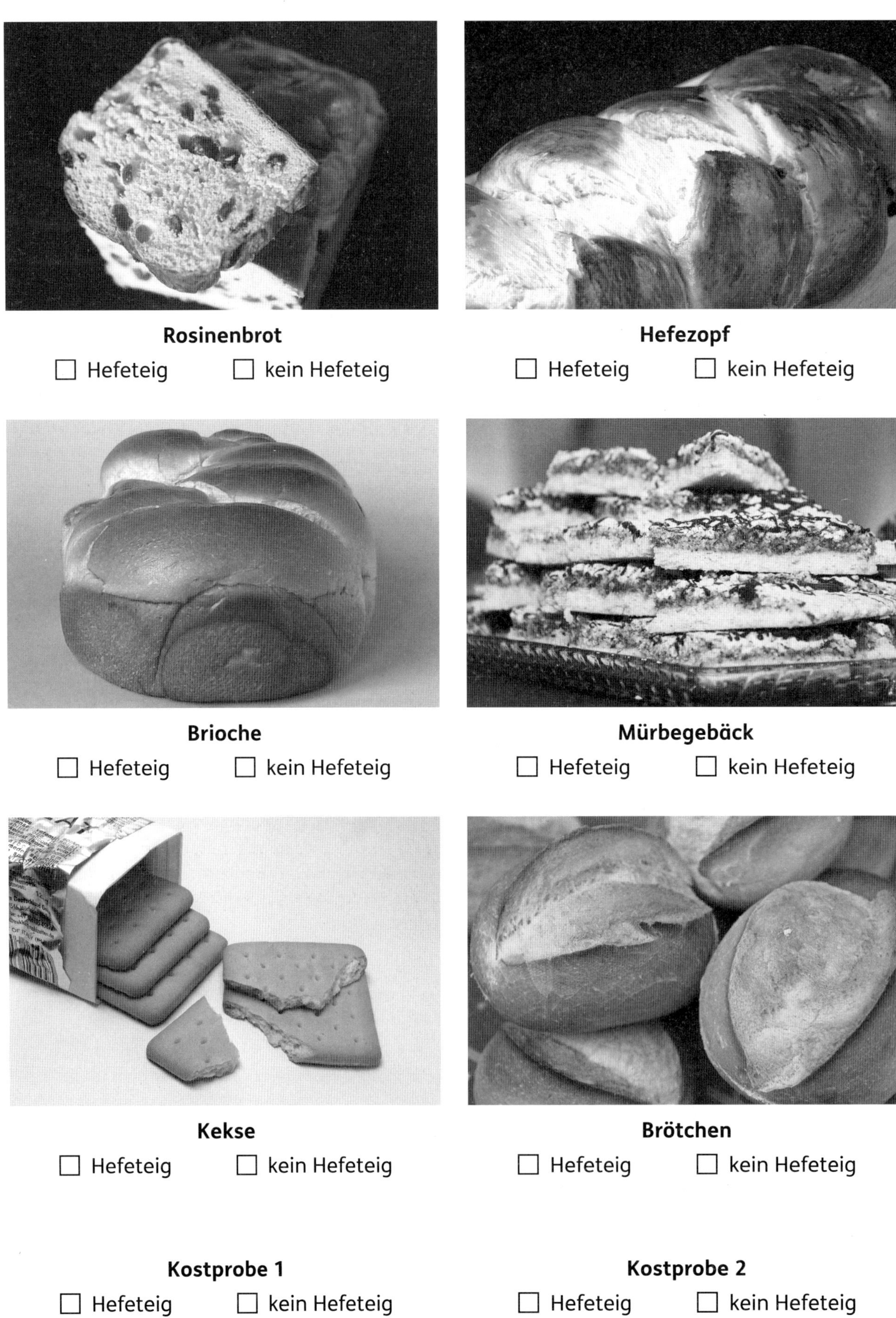

Rosinenbrot

☐ Hefeteig ☐ kein Hefeteig

Hefezopf

☐ Hefeteig ☐ kein Hefeteig

Brioche

☐ Hefeteig ☐ kein Hefeteig

Mürbegebäck

☐ Hefeteig ☐ kein Hefeteig

Kekse

☐ Hefeteig ☐ kein Hefeteig

Brötchen

☐ Hefeteig ☐ kein Hefeteig

Kostprobe 1

☐ Hefeteig ☐ kein Hefeteig

Kostprobe 2

☐ Hefeteig ☐ kein Hefeteig

2. **Vergleiche deine angekreuzten Ergebnisse mit denen deiner Mitschüler. Diskutiert Abweichungen.**

3. **Beschreibe, woran ihr erkannt habt, dass es sich um einen Hefeteig handelt.**

4. **Schreibe in Sätzen auf, was du bereits über Hefe weißt.**

Du kannst folgende Satzbausteine benutzen:

Man benutzt Hefe, wenn …
Hefe riecht …
Hefe sieht aus wie …
Hefe nimmt man für …

Schülerarbeitsblatt: Hefe unter dem Mikroskop

Info: Hefen sind Pilze, aber ohne Hut und Stiel. Sie bestehen nur aus einer Zelle.

Arbeitsauftrag: Untersuche ein paar Hefezellen unter dem Mikroskop.

Du brauchst:

- Hefe
- Wasser
- Becherglas
- Pipette
- Objektträger
- Deckglas
- Mikroskop
- Glasstab

Hefe

Becherglas

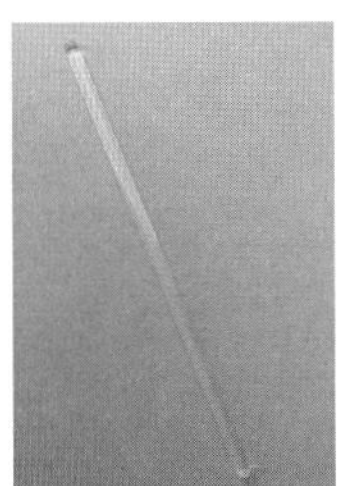

Glasstab

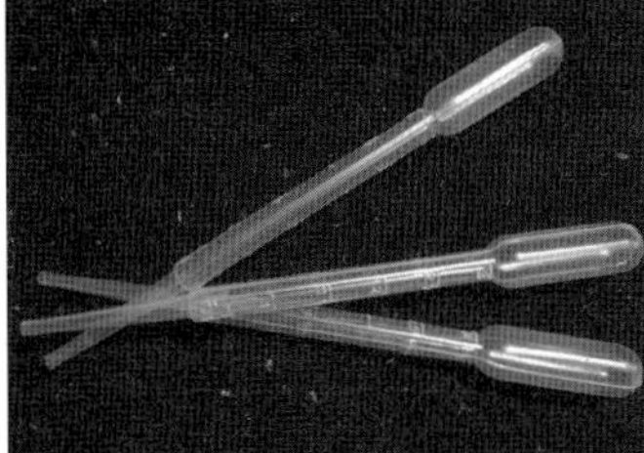

Pipette

Objektträger und Deckglas

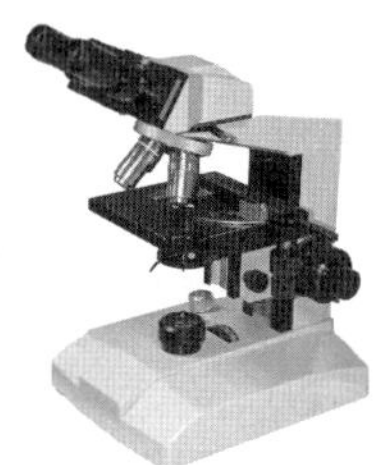

Mikroskop

Durchführung:

1. Brich von der Hefe ein kleines Stück ab und gib es in das Becherglas.
2. Füge ein paar Tropfen Wasser hinzu.
3. Verrühre die Hefe mit dem Glasstab im Wasser.
4. Gib mit der Pipette 1–2 Tropfen der Hefemischung auf den Objektträger und lege ein Deckglas darüber.
5. Betrachte die Hefezellen unter dem Mikroskop.

Hinweis: Beachte die Schrittfolge des Mikroskopierens, die du im Biologieunterricht gelernt hast.

Auswertung: Zeichne zwei Hefezellen so genau wie möglich auf ein Blatt Papier.

Wenn du schon fertig bist: Finde Bilder von Hefezellen im Internet und vergleiche sie mit deinem Bild.

Schülerarbeitsblatt: Der Hefe auf der Spur

Info: Hefen sind mikroskopisch kleine, einzellige Pilze, die unseren Teig luftig und leicht machen. Aber wie machen sie das?

Arbeitsauftrag: Unser Ziel ist es, einen besonders guten Hefekuchen zu backen. Finde heraus, was du dafür benötigst und welche Bedingungen vorherrschen müssen. Führe dafür die folgenden Versuche nacheinander durch.

Du brauchst:

- Gärrohr mit Wasserfüllung und Stopfen
- Reagenzglas
- Becherglas
- Wasser
- Hefe
- Zucker
- Thermometer
- Wasserkocher
- Stoppuhr (oder Handy)
- Waage
- Messzylinder

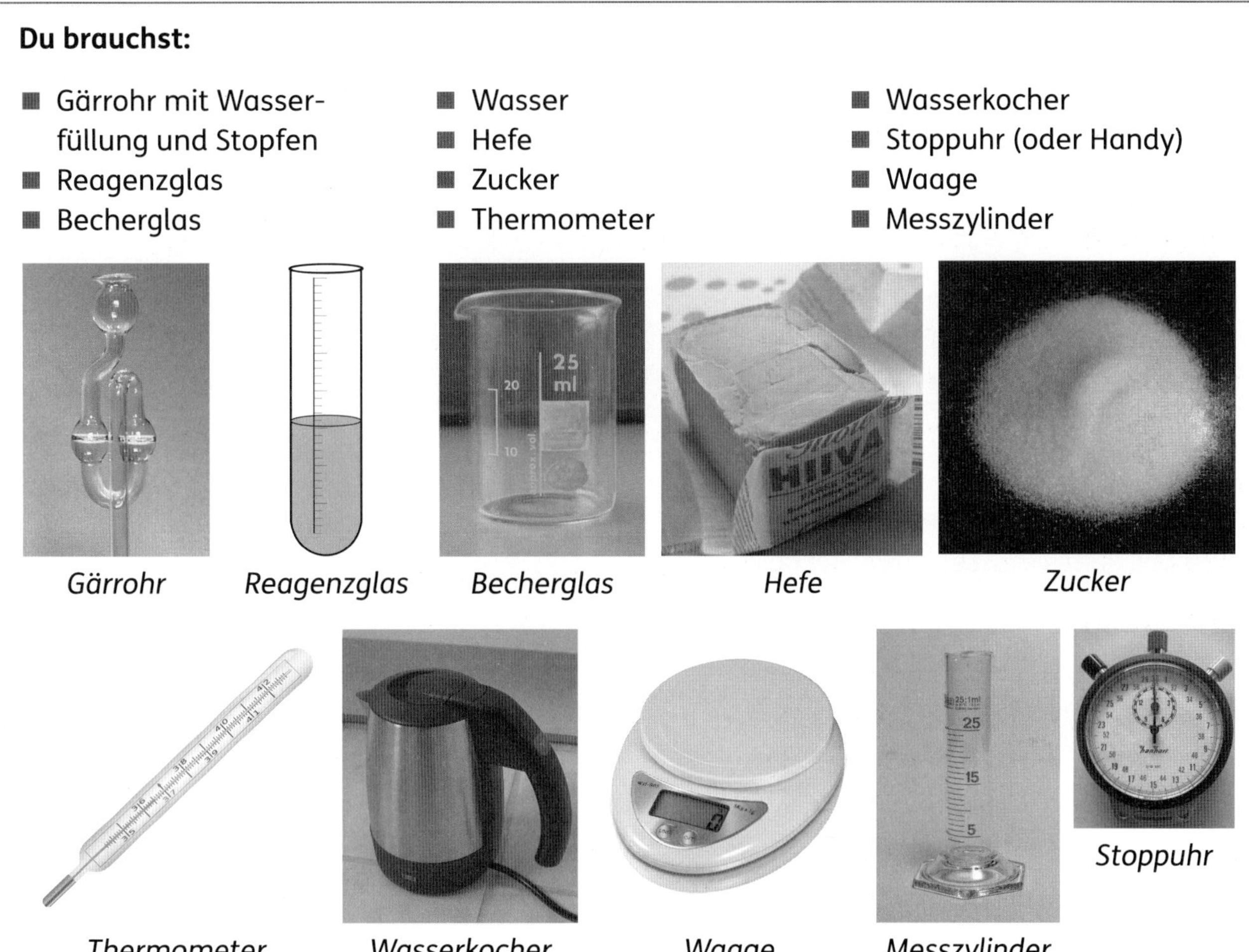

Gärrohr *Reagenzglas* *Becherglas* *Hefe* *Zucker*

Thermometer *Wasserkocher* *Waage* *Messzylinder* *Stoppuhr*

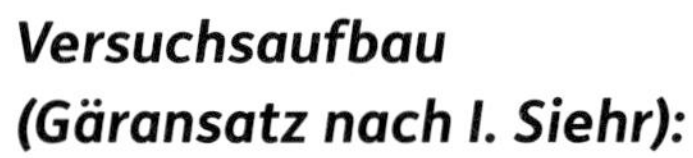

Versuchsaufbau (Gäransatz nach I. Siehr):

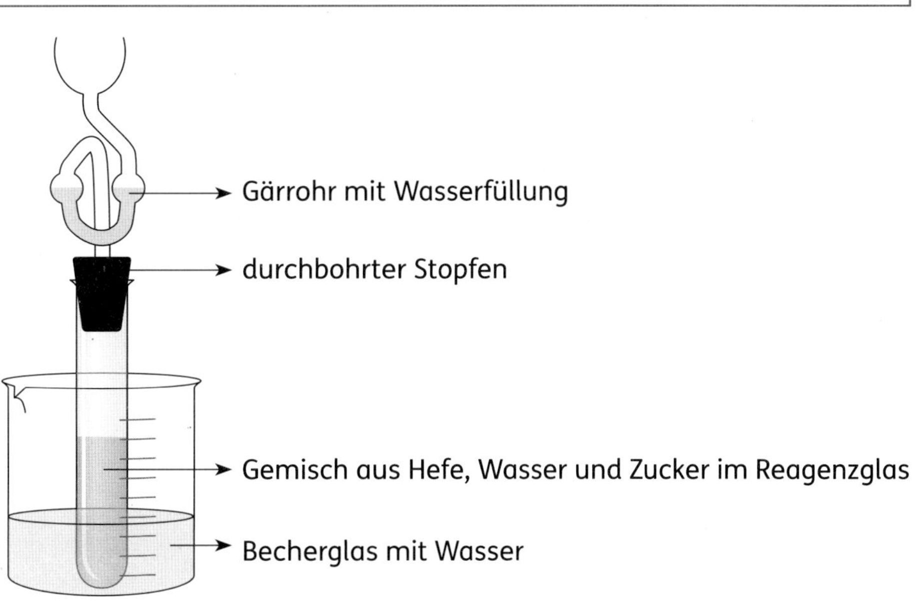

Durchführung:

Versuch 1:

1. Fülle das Becherglas zur Hälfte mit lauwarmem Wasser und stelle das Thermometer hinein.
2. Lies die Temperatur ab und trage diese in die Tabelle ein.
3. Gib in das Reagenzglas 1 g Hefe, 1 g Zucker und 10 ml Wasser.
4. Setze das Gärrohr in das Loch im Stopfen und beides gemeinsam auf das Reagenzglas.
5. Stelle das Reagenzglas in das Becherglas mit dem Wasser.
6. Stelle deine Stoppuhr auf 5 min und zähle die Gasblasen, die in dieser Zeit im Gärrohr entstehen.
7. Trage die Anzahl der Blasen in die Tabelle ein.

Versuch 2:
Wiederhole das Experiment, lasse aber dieses Mal den Zucker weg.

Versuch 3:
Wiederhole das Experiment, lasse aber dieses Mal das Wasser im Reagenzglas weg.

Versuch 4:
Wiederhole das Experiment wieder mit Hefe, Zucker und Wasser im Reagenzglas. Fülle aber dieses Mal warmes Wasser in das Becherglas. Achte dabei darauf, dass die Temperatur nicht höher als 35 °C ist.

Versuch 5:
Wiederhole das Experiment wieder mit Hefe, Zucker und Wasser im Reagenzglas. Fülle aber dieses Mal kaltes Wasser in das Becherglas.

Messergebnisse:

Versuch	Im Reagenzglas	Wassertemperatur im Becherglas	Anzahl der Blasen im Gärrohr in 5 min
1	Hefe, Zucker, Wasser		
2	Hefe, Wasser		
3	Hefe, Zucker		
4	Hefe, Zucker, Wasser		
5	Hefe, Zucker, Wasser		

Auswertung:

Info: Wenn sich Hefezellen vermehren, gewinnen sie ihre Energie dafür aus dem Zucker im Teig. Aus diesem Zucker stellen sie unter anderem das Gas Kohlenstoffdioxid her. Das waren die Gasbläschen, die ihr gezählt habt.

1. Ergänze:

   In den Versuchen Nr. ______________ bilden sich Blasen.

   Beim Versuch Nr. ______ bilden sich die meisten Blasen.

2. Schau dir deine Versuchsergebnisse noch einmal an. Schreibe die Zutaten auf, die du für einen Hefeteig unbedingt brauchst:

   ____

   ____

   ____

   ____

   ____

   ____

3. Notiere die Temperatur, bei der der Teig besonders gut gelingen wird: ______________

Schülerarbeitsblatt: Einen Hefeteig backen

Jetzt sollt ihr einen Hefeteig backen.

Arbeitsaufträge:

Hefe

1. Suche im Internet ein Rezept für einen Hefeteig oder frage deine Oma, deinen Papa ... oder schlage in einem Backbuch nach.

2. Formuliere einen Satz, warum du dich für dieses Rezept entschieden hast.

___

___

___

Endlich Backen:

3. Einigt euch in der Gruppe auf ein gemeinsames Rezept. Stellt gemeinsam einen Hefeteig her und backt daraus einen Hefekuchen.

Während der Kuchen im Backofen ist, wähle ein bis zwei Aufgaben aus:

4. Beschreibe mit deinen eigenen Worten, was mit der Hefe beim Zubereiten (beim Mischen und Gehenlassen) des Teiges passiert. Stelle dir vor, du bist die Hefe. Schreibe in der Ich-Form.

___

___

___

___

___

___

___

___

5. Vergleiche die **Zutaten** in deinem Rezept mit den Zutaten aus den Experimenten. Nenne Gemeinsamkeiten und Unterschiede.

	Experiment	Rezept
Gemeinsamkeiten		
Unterschiede		

6. In den Rezepten steht meist, dass der Teig einige Zeit „gehen" soll. Formuliere eine Vermutung darüber, was „gehen" bedeutet und was mit dem Teig während der Zeit passiert.

____

____

____

____

____

____

____

____

7. Gestalte eine Backbuchseite mit einem Hefeteigrezept. Gib dabei Tipps für ein besonders gutes Gelingen des Teiges.

4.3 Weitere Förderschwerpunkte

Auch wenn Schüler mit dem Förderschwerpunkt „Lernen“ derzeit die sind, die am meisten in allgemeinbildende Schulen inkludiert werden, gibt es natürlich noch zahlreiche weitere Beeinträchtigungen, die Ihre Schüler aufweisen können.

Scheuen Sie sich nicht davor, sich Hilfe von außen zu holen. Das Institut für Entwicklungstherapie und Entwicklungspädagogik (ETEP) z. B. hat sich zur Aufgabe die Förderung von sozial-emotionalen Kompetenzen bei Kindern und Jugendlichen gestellt. Mit der ETEP-Methode sind die ETEP-Fachkräfte in der Lage, sowohl Einzelne als auch Gruppen zu fördern, die Verhaltensstörungen bzw. Rückstände in ihrer sozial-emotionalen Entwicklung aufweisen. Das Institut schult Pädagogen von der Diagnostik bis hin zu Interventionsstrategien. Fragen Sie an Ihrer Schule nach, ob bereits Lehrkräfte die ETEP-Ausbildung absolviert haben. Ist dies der Fall, so sollen nach dem Modell des Instituts diese Lehrkräfte als Multiplikatoren fungieren. Sie wären daher Ihre ersten Ansprechpartner. Ist Ihre Schule noch keine ETEP-Schule und gibt es auch in anderen Klassen Probleme mit schwierigen Schülern, so regen Sie doch einen Studientag zum Thema ETEP an, sprechen Sie aber zuvor mit Kollegen und holen Sie sich Unterstützung bei Ihrem Vorhaben.

Haben Sie Kinder mit anderen körperlichen oder geistigen Beeinträchtigungen, so suchen Sie nach Förderzentren in Ihrer Nähe. Fragen Sie dort nach, ob Sie für einen Tag hospitieren dürfen. Insbesondere sollten Sie sich dabei den naturwissenschaftlichen Unterricht anschauen, aber es ist auch interessant, an anderen Fächern teilzunehmen. Jeder Lehrer hat eine andere Herangehensweise an seine besonderen Schüler und von jeder Methode kann man ein bisschen lernen. Klären Sie im Vorhinein ab, ob ein Kollege am Ende des Tages noch für Ihre Fragen zur Verfügung stehen kann. Vielleicht dürfen Sie sogar mit diesem Kollegen in Kontakt bleiben, um auch später aufkommende Fragen noch einmal loszuwerden.

Zum Abschluss würde ich Ihnen gern noch sagen, dass nicht jede schwierige Situation ein Problem ist. Schwierige Situationen haben ihren Sinn, um Entwicklungen voranzubringen. Versuchen Sie daher nicht, diese Situationen zu umgehen, sondern betrachten Sie diese als Beginn eines Prozesses. Es ist ein Weg, der sich für Sie und Ihre Schüler lohnt.

5 Unterrichtsplanung

5.1 *Bildungsstandards im Fach Chemie und der Nutzen für heterogene Lerngruppen*

2003 hat die Kultusministerkonferenz eine Vereinbarung über die Bildungsstandards für den Mittleren Schulabschluss in den naturwissenschaftlichen Fächern getroffen. Diese Bildungsstandards dienen seitdem als Grundlage für die fachspezifischen Anforderungen der Länder.

Vom reinen wissensorientierten Unterricht ist man hiermit zum kompetenzorientierten Unterricht übergangen, das heißt, die Kompetenzen, die im Fach Chemie erworben werden, bieten Anknüpfungspunkte für fächerübergreifendes und fächerverbindendes Arbeiten und sollen den Schülern helfen, die natürliche und kulturelle Welt zu verstehen und zu erklären. Konkret bezieht man sich dabei für den Chemieunterricht auf die grundlegenden Elemente des naturwissenschaftlichen Erkenntnisgangs: auf experimentelles und theoretisches Arbeiten, auf Kommunikation und auf Anwendung und Bewertung chemischer Sachverhalte in fachlichen und gesellschaftlichen Kontexten.

Kompetenzbereiche im Fach Chemie	
Fachwissen	chemische Phänomene, Begriffe, Gesetzmäßigkeiten kennen und mit dem Vorwissen verknüpfen
Erkenntnisgewinnung	experimentelle und andere Untersuchungsmethoden sowie Modelle nutzen
Kommunikation	Informationen sach- und fachbezogen erschließen und austauschen
Bewertung	chemische Sachverhalte in verschiedenen Kontexten erkennen und bewerten
aus: Beschlüsse der Kultusministerkonferenz – Bildungsstandards im Fach Chemie für den Mittleren Schulabschluss (Jahrgangsstufe 10) (2005), herausgegeben vom Sekretariat der Ständigen Konferenz der Kultusminister der Länder in der Bundesrepublik Deutschland	

Die KMK formuliert auch Regelstandards, doch diese sind von den einzelnen Ländern im Allgemeinen noch weiter konkretisiert worden. Ein Blick in die Vereinbarung lohnt jedoch, da hier an mehreren Aufgabenbeispielen exemplarisch die Zuordnung spezifischer Inhalte zu den Regelstandards aufgezeigt ist.

Ganz konkret lassen sich diese Regelstandards zur Vorbereitung von leistungsdifferenziertem Unterricht nutzen, indem Anforderungsbereiche auf verschiedenen Schwierigkeitsgraden ein und derselben Kompetenz aufgeschlüsselt und deutlich gemacht werden.

	Anforderungsbereich		
	I	**II**	**III**
Fachwissen	Kenntnisse und Konzepte zielgerichtet wiedergeben	Kenntnisse und Konzepte auswählen und anwenden	komplexere Fragestellungen auf der Grundlage von Kenntnissen und Konzepten planmäßig und konstruktiv bearbeiten
Erkenntnisgewinnung	bekannte Untersuchungsmethoden und Modelle beschreiben, Untersuchungen nach Anleitung durchführen	geeignete Untersuchungsmethoden und Modelle zur Bearbeitung überschaubarer Sachverhalte auswählen und anwenden	geeignete Untersuchungsmethoden und Modelle zur Bearbeitung komplexer Sachverhalte begründet auswählen und anpassen

	Anforderungsbereich		
	I	II	III
Kommunikation	bekannte Informationen in verschiedenen fachlich relevanten Darstellungsformen erfassen und wiedergeben	Informationen erfassen und in geeigneten Darstellungsformen situations- und adressatengerecht veranschaulichen	Informationen auswerten, reflektieren und für eigene Argumentationen nutzen
Bewertung	vorgegebene Argumente zur Bewertung eines Sachverhaltes erkennen und wiedergeben	geeignete Argumente zur Bewertung eines Sachverhaltes auswählen und nutzen	Argumente zur Bewertung eines Sachverhaltes aus verschiedenen Perspektiven abwägen und Entscheidungsprozesse reflektieren

Beispiel für eine Diagnosematrix aus: Beschlüsse der Kultusministerkonferenz – Bildungsstandards im Fach Chemie für den Mittleren Schulabschluss (Jahrgangsstufe 10) (2005), herausgegeben vom Sekretariat der Ständigen Konferenz der Kultusminister der Länder in der Bundesrepublik Deutschland

In heterogenen Lerngruppen, zu denen heutzutage fast alle Lerngruppen zählen, kann ein einziges Lernangebot immer weniger zu befriedigenden Ergebnissen führen. Mit dem Aufstellen solch einer Diagnosematrix lässt sich die Vielfalt der Schüler auch in ihren unterschiedlichen Leistungsfähigkeiten annehmen und der Unterricht entsprechend differenziert planen. Wie das genau funktioniert, hat die MNU (Verband zur Förderung des MINT-Unterrichts) 2007 in ihrer Themenreihe „Bildungsstandards Chemie" gezeigt, mit vielen Beispielen von der Gestaltung des Unterrichts nach den Bildungsstandards bis hin zur Entwicklung von differenzierten Aufgaben.

5.2 Erstellen von kompetenzorientierten Aufgaben

An einem Beispiel soll nun aufgezeigt werden, wie Sie aus einer Aufgabe eine kompetenzorientierte Aufgabe machen. Die Kompetenzen sind den Bildungsstandards der KMK für Chemie entnommen.

Aufgabe
Gehen wir davon aus, Sie möchten mit Ihren Schülern die Neutralisationsreaktion von Säuren und Laugen behandeln. Daraus würde sich z. B. folgende Aufgabe ergeben: *Untersuche, was passiert, wenn ich Laugen mit Säuren mische, und stelle eine entsprechende Reaktionsgleichung auf.*
Als Ergebnis erwarten Sie z. B. folgende Reaktionsgleichung:
Neutralisationsreaktion: Säure + Lauge → Wasser + Salz

Schritt 1: Analyse
Um aus dieser Aufgabe eine kompetenzorientierte Aufgabe zu machen, überlegen Sie im ersten Schritt, welche Kompetenzen aus dem Kompetenzmodell die Aufgabe bereits abdeckt. Hier sehen Sie ein paar mögliche Kompentenzen, die aber je nach Ihrer Intention, welches Wissen Sie vermitteln möchten, variieren können.

z. B. Fachwissen chemische Reaktion:
Die Schülerinnen und Schüler ...
F 3.2 deuten Stoff- und Energieumwandlungen hinsichtlich der Veränderung von Teilchen und des Umbaus chemischer Bindungen.
F 3.4 erstellen Reaktionsschemata/Reaktionsgleichungen durch Anwendung der Kenntnisse über die Erhaltung der Atome und die Bildung konstanter Atomzahlenverhältnisse in Verbindungen.

Schritt 2: Entwicklungspotenzial

Nun überlegen Sie sich, welche weiteren Kompetenzen Sie durch eine veränderte Aufgabenstellung fördern könnten bzw. fördern möchten. Sie müssen dabei nicht immer mit jeder Aufgabe möglichst viele Kompetenzen abbilden. Hier gilt oft: Weniger ist mehr. Die nächste Aufgabe in der nächsten Stunde bietet sicher Platz für die Förderung weiterer Kompetenzen. Im Folgenden finden Sie beispielhaft mögliche Kompetenzen, die mit der ursprünglichen Aufgabe förderbar sind. Auch viele andere Kompetenzförderungen wären aber denkbar.

z. B. Fachwissen chemische Reaktion:
Die Schülerinnen und Schüler ...
F 3.5 beschreiben die Umkehrbarkeit chemischer Reaktionen.

z. B. Erkenntnisgewinn:
Die Schülerinnen und Schüler ...
E 1 erkennen und entwickeln Fragestellungen, die mithilfe chemischer Kenntnisse und Untersuchungen, insbesondere durch chemische Experimente, zu beantworten sind.
E 3 führen qualitative und einfache quantitative experimentelle und andere Untersuchungen durch und protokollieren diese.

z. B. Kommunikation:
Die Schülerinnen und Schüler ...
K 5 stellen Zusammenhänge zwischen chemischen Sachverhalten und Alltagserscheinungen her und übersetzen dabei bewusst Fachsprache in Alltagssprache und umgekehrt.

z. B. Bewertung:
Die Schülerinnen und Schüler ...
B 4 entwickeln aktuelle, lebensweltbezogene Fragestellungen, die unter Nutzung fachwissenschaftlicher Erkenntnisse der Chemie beantwortet werden können.

Schritt 3: Ändern der Aufgabenstellung

Im nächsten Schritt überlegen Sie sich, wie Sie die ursprüngliche Aufgabenstellung ändern müssen, damit Ihre gewählten Kompetenzen gefördert werden können. Im Folgenden zeigen wir beispielhaft, welche Gedanken man sich zunächst zu den einzelnen Kompetenzen machen kann, um später daraus ableitend eine kompetenzorientierte Aufgabe zu erstellen. Über welche Kompetenz Sie sich dabei als Erstes Gedanken machen, hängt davon ab, wo Sie Ihren Schwerpunkt in der Aufgabe setzen wollen.

Kompetenzförderung im Bereich Bewertung:
Bei der Kompetenzförderung im Bereich Bewertung ist es oft einfach, auf Alltagssachen/-gegenstände oder aktuelle Ereignisse zurückzugreifen, welche bei der gewünschten Reaktion eine Rolle spielen. Dies macht es den Schülern meist einfacher, später Lebensweltbezug mit Fachwissen zu verknüpfen.

Bei der Säure-Base-Reaktion könnten Sie z. B. mit Tinte und Tintenkiller arbeiten: Die blaue Tinte ist sauer, die Flüssigkeit im Tintenkiller basisch.

Kompetenzförderung im Bereich Kommunikation:
Für die Förderung der oben genannten Kompetenz im Bereich Kommunikation würde es nun Sinn ergeben, nach weiteren Materialien/Chemikalien zu suchen, welche dieselben Effekte wie der Tintenkiller hervorrufen können. Zum Beispiel könnten Sie nun entscheiden, mit folgenden Chemikalien zu arbeiten, welche ebenso Reaktionen mit Tinte hervorrufen oder auch nicht hervorrufen:

Diverse Basen aus dem Fachraum und Haushalt (Kloßweiß, Natron, Abflussreiniger ...) entfärben Tinte ebenso.
Diverse Säuren aus dem Fachraum und Haushalt (Zitronensäure, Essigsäure ...) können den Entfärbungseffekt wieder rückgängig machen.

Wenn Sie sich Gedanken zur Förderung der Kommunikation machen, sollten Sie sich auch hier bereits schon erste Gedanken machen, wie man die gewonnenen Erkenntnisse schlussendlich dokumentieren könnte. In unseren Aufgaben könnten die Schüler z.B. zum Abschluss einen eigenen Vorschlag für eine Geheimtinte entwickeln, welcher auf den gesammelten Erkenntnissen aufbaut, also in diesem Fall einer Säure-Base-Reaktion zugrunde liegt. Spätestens hier würde in unserem Beispiel auch unsere zusätzliche *Kompetenzförderung im Bereich Fachwissen* zum Tragen kommen, denn viele Geheimtinten beruhen auf der Umkehrbarkeit von chemischen Reaktionen.

Kompetenzförderung im Bereich Erkenntnisgewinn:
Die Kompetenzförderung im Erkenntnisgewinn besteht meist daraus, den naturwissenschaftlichen Erkenntnisgang zu durchlaufen. Die Schüler entwickeln Fragestellungen, welche sie durch Experimente beantworten. Ihre Aufgabe ist es also, den Einstieg so zu gestalten, dass sich eigene Fragen ergeben, und die Experimente so zu planen, dass die Schüler eigenständig Experimente durchführen können.

Zu unserem Tintenkiller-Experiment würde sich zum einen eine Einstiegsfrage anbieten:
- z. B. Einstiegsfrage: Was macht den Tintenkiller zum Killer?

Oder ein Vorexperiment, welches Fragen hervorruft:
- z.B. Vorexperiment: Welche Tinten lassen sich killen?

Zum möglichst selbstständigen Experimentieren könnten Sie bei dieser Aufgabe z. B. ein Chemikalienbuffet zur Verfügung stellen, an dem sich die Schüler während des Experimentierens frei bedienen können.

Schritt 4: Arbeitsblatt entwerfen
Im letzten Schritt müssen Sie nun aus all Ihren Gedanken und Ideen ein Arbeitsblatt entwerfen. Dabei sollten Sie auf eine Differenzierung in den Aufgabenstellungen achten, z. B. durch Hinzufügen von Sternchen*-Aufgaben.

Schülerarbeitsblatt: Was macht den Tintenkiller zum Killer?

Viele Schüler verwenden Tintenkiller, um etwaige Fehler beim Schreiben unsichtbar zu machen. Doch wir Chemielehrer kennen Tricks, um euer „Weggekillertes“ wieder sichtbar zu machen.

Stelle eine Vermutung an, warum ein Tintenkiller die Tinte killt. Probiere dafür ruhig, mehrere Tinten zu killen. Meine Vermutung:

___

___

___

Du brauchst:

Füller mit blauer Tinte, Tintenkiller, diverse Säuren und Basen deiner Wahl vom Chemikalienbuffet, Pipetten, Bechergläser, Handschuhe, Schutzkittel, Schutzbrille, Papier

Durchführung:

1. Schreibe oder zeichne etwas Beliebiges mit dem Füller auf ein Blatt Papier und killer anschließend einen kleinen Teil davon (zum späteren Vergleich) mit dem Tintenkiller wieder weg.
2. Gehe nun zum Chemikalienbuffet und tropfe mit den Pipetten jeweils einen Tropfen von den verschiedenen Säuren und Basen auf unterschiedliche Stellen deiner Zeichnung, die nach Schritt 1 noch sichtbar sind. Achte darauf, dass die Tropfen möglichst weit voneinander entfernt sind.

   Notiere in der Tabelle jeweils, welche Chemikalie du verwendet hast, ob es sich um eine Säure oder Base handelt und was du beobachtet hast:

Chemikalie	Säure oder Base	Farbänderung ja/nein

Auswertung:

1. Welche Chemikalien rufen eine Farbänderung bei der Tinte hervor?

2. Welche gemeinsame Eigenschaft haben diese Chemikalien?

3. Was schlussfolgerst du daraus, welche Eigenschaft die Flüssigkeit im Tintenkiller haben muss?

4.* Wie könntest du das testen? Probiere es aus und notiere dein Ergebnis.

Ich brauche:

Das teste ich:

Das habe ich herausgefunden:

5.* Plane einen Versuch, mit dem du testest, ob du die Reaktion wieder rückgängig machen kannst. Führe diesen Versuch durch.

Ich brauche:

Das teste ich:

Das habe ich herausgefunden:

6.* Entwickle auf einem Extrablatt ein Rezept für eine Geheimtinte und hänge es an die Tafel.

6.** Beschreibe allgemein, was passiert, wenn Säuren und Basen miteinander reagieren. Probiere es ggf. aus.

7.** Formuliere eine Wortgleichung zur Reaktion von Säuren und Basen.

____

____

____

Abschluss:

Schaue dir alle Geheimtintenrezepte an der Tafel an. Erzähle der Gruppe, welches dir am besten gefällt und warum.

5.3 Allgemeine Schritte zur Unterrichtsplanung

Eine gute Unterrichtsplanung sorgt dafür, dass Sie auch selbst im Unterricht Spaß haben können. Stecken Sie wirklich ausreichend Zeit in die Planung, auch wenn es am Anfang sehr viel Arbeit ist. Ein gut geplanter Unterricht kann auch in den nächsten Jahren gut funktionieren. Die Arbeit ist also selten umsonst getan.
Des Weiteren rate ich am Anfang des Schuljahres nicht nur zu einer guten Unterrichtsplanung, sondern gleich zu einer Reihenplanung, wobei die einzelnen Unterkapitel auch später noch mit konkretem Inhalt gefüllt werden können. Eine Reihenplanung sorgt dafür, dass Sie immer den roten Faden im Blick haben und wissen, worauf Sie am Ende hinauswollen. Dies können Sie dann auch überzeugend Ihren Schülern vermitteln. Sie können außerdem die Kapitel in das Schuljahr einpassen und sehen so von Anfang an, ob Ihr Plan überhaupt aufgehen kann. Bedenken Sie dabei immer auch, Puffer für Klassenfahrten, Projektwochen, Krankheiten usw. einzubauen. Zum Beispiel können Sie Kapitel planen, die „nice to have" sind, aber bei Zeitknappheit der rote Faden auch ohne sie weiter gespannt werden könnte. Schließen Sie auf jeden Fall ein Thema auch zu dem von Ihnen geplanten Zeitraum ab, damit Sie ausreichend Zeit für das nächste Thema zur Verfügung haben. In vielen Schulen muss man sich von dem Gedanken lösen, man könnte den ganzen Unterrichtsstoff schaffen, oftmals ist weniger mehr.

Unterricht planen – Vorbereitung:

Bevor Sie beginnen, Ihren Unterricht zu planen, müssen ein paar grundlegende Dinge klar sein. Sie müssen selbst den Stoff beherrschen und Sie müssen Ihre Schüler kennen und ihre Kompetenzen im Fach, das heißt, ihre momentanen Fachkenntnisse und Fähigkeiten. In Berlin/Brandenburg z. B. kann man die Lernausgangslage in der 7. Klasse in den Naturwissenschaften ermitteln und erhält so einen Überblick über den Kompetenzstand seiner Schüler. In Bayern gibt es analog eine Lernstandserhebung in Natur und Technik am Ende der Klasse 6. Fragen Sie in Ihrer Schule nach, ob es solch eine Erhebung bei Ihnen bereits gibt. Sollte es in Ihrem Bundesland solch ein Modell nicht geben, so lohnt es sich langfristig, eine eigene Lernstandserhebung zu entwickeln, in der Sie versuchen, alle wichtigen Kompetenzen zu beleuchten. Für den Anfang können Sie aber auch zu den jeweiligen Kompetenzen, die Sie näher betrachten wollen, eine Diagnosematrix aufstellen mit den Kompetenzniveaus, die im Allgemeinen für Ihre Schüler der entsprechenden Altersgruppe und Schulform zu erwarten wären (siehe Kapitel 6.1.7). Dann können Sie anhand eines Sitzplanes versuchen, die Niveaustufen Ihren Schülern zuzuordnen, und bekommen ein grobes Bild, welchen Kompetenzzuwachs Sie in Ihrer geplanten Unterrichtseinheit erwarten können.

Unterricht planen – Schritt 1:

Bei der Planung ihres Unterrichts empfehle ich Ihnen, sich zunächst einmal zu überlegen, welche Themengebiete Sie in dem Schuljahr alle behandeln möchten und wie viel Zeit (wie viele Unterrichtssequenzen pro Thema) Sie jedem Themengebiet geben möchten. Den groben Rahmen liefert Ihnen dafür der Rahmenlehrplan und das schulinterne Fachcurriculum, das Anpassen an Ihre spezielle Lerngruppe bleibt aber bei Ihnen. Legen Sie dies ruhig in einem Kalender fest, sodass Sie sich selbst später darauf beziehen können.

Unterricht planen – Schritt 2:

Nehmen Sie sich nun ein Thema vor und lesen Sie ein wenig im Lehrbuch, Lehrplan o. Ä. zu diesem Thema. Versuchen Sie dabei, Ihr gewähltes Thema in wenige Kategorien zu packen, das heißt, finden Sie Zwischenüberschriften und bilden sie kleinere Unterthemengruppen. Diese werden Ihr Leitfaden durch das Themengebiet. Die Details (wie Verlaufsplan etc.) kommen später hinzu.

Unterricht planen – Schritt 3:

Fügen Sie Ihren Kategorien nun stichpunktartig grobe Inhalte und Ideen für Experimente hinzu. Zum Beispiel könnte jetzt hier zu Neutralisationsreaktionen stehen: Experimente mit Tintenkiller und verschiedenen Säuren und Basen. Schauen Sie bereits jetzt, ob alle Ihre Ideen Platz in Ihrem Zeitplan haben, andernfalls können Sie bereits zu diesem Zeitpunkt schon selektieren. Manchmal hat man zu einem Themengebiet sofort so viele gute Ideen, dass man jetzt schon weiß, dass die Zeit dafür nicht reichen wird. Als Faustregel sollten Sie pro Unterrichtssequenz ein Experiment (wahlweise Kreativarbeit) einplanen, welches verschiedene Versuche beinhalten kann. Mehr als ein Experiment oder sogar kein Experiment sollten eher die Ausnahme darstellen.

Unterricht planen – Schritt 4:

Schritt 4 und 5 sind grundsätzlich auch vertauschbar, je nachdem welcher Impuls bei Ihnen als Erstes auftaucht. Sie müssen lediglich das eine dem anderen anpassen. Gehen wir davon aus, Sie hätten zunächst eine brillante Experimentieridee, so planen Sie dieses bitte nun ganz konkret. Erstellen Sie dafür einen ersten Entwurf für Ihr Schülerarbeitsblatt mit Arbeitsauftrag, Materialliste, Durchführung, Versuchsskizze, Beobachtungen und Ergebnissen.

Unterricht planen – Schritt 5:

Überlegen Sie sich Fragen, die sich aus dem Experiment ergeben, die Ihre Schüler interessieren könnten und die mit Ihrem geplanten Kompetenzgewinn übereinstimmen. Welchen praktischen Bezug hat dieses Experiment und Thema auf die Lebenswelt Ihrer Schüler? Suchen Sie dazu einen Einstieg, der Ihre Schüler animiert, selbstständig eine Frage zu entwickeln. Ergänzen Sie ggf. das Arbeitsblatt mit dem Einstieg, fügen Sie aber unbedingt Platz für eine eigene Fragestellung bzw. Vermutung ein, wenn Sie diese nicht anderweitig im Raum festhalten wollen (z. B. auf der Tafel).

Unterricht planen – Schritt 6:

Mit Blick auf den Einstieg entwickeln Sie nun die Auswertungsfragen zu Ihrem Experiment. Zur besseren Differenzierung entwerfen Sie Fragen, die im Anforderungsniveau nach und nach steigen. Machen Sie die steigenden Niveaus durch z. B. * und ** auf Ihrem Arbeitsblatt kenntlich, sodass für die Schüler später deutlich wird, welche Aufgaben für sie mindestens zu lösen sind.

Unterricht planen – Schritt 7:

Unterschätzen Sie nicht den ästhetischen Anspruch Ihrer Schüler. Ein knackiger Titel und ein dazu passendes Bild lenken die Aufmerksamkeit bereits beim Austeilen auf Ihr Arbeitsblatt. Das erste Interesse ist damit schon einmal geweckt.

Eventuell könnte für Sie auch folgendes Formblatt hilfreich sein, in welches Sie all Ihre Gedanken zunächst einmal eintragen können. Später können Sie dann daraus ein Schülerarbeitsblatt entwickeln. Dieses Formblatt bietet sich auch sehr gut für eine erste grobe Reihenplanung an. Hier kann man für jede Unterrichtseinheit bereits zu Beginn ein Formblatt reservieren und dies nach und nach füllen. Der Überblick, und damit der rote Faden, bleibt somit erhalten und man kann Impulse zu späteren Unterrichtseinheiten direkt eintragen, wenn man Angst hat, dass man sie wieder vergessen könnte.

Eine komplette Reihenplanung mit einem ausgewählten Unterrichtskonzept finden Sie in Kapitel 6.

Formblatt zur Unterrichtsplanung Naturwissenschaften

Thema:

Titel Unterrichtssequenz:

Geplanter Kompetenzerwerb	
Kontext	
Beobachtung	
Frage	
Hypothese	
Planung und Durchführung der Experimente	
Beobachtung/ Messwerte	
Ergebnis/ Auswertung	
Allgemeine Schlussfolgerungen	

6 Beispiel Unterrichtsentwurf Klasse 9/10: Organische Chemie – vom Erdöl zum Kunststoff

Im Folgenden finden Sie einen beispielhaften Unterrichtsentwurf, wie er in Fachseminaren bei einem Unterrichtsbesuch von Ihnen erwartet wird, ergänzt mit ein paar zusätzlichen Kommentaren. Jeder Fachseminarleiter hat jedoch seine eigenen Ansprüche an einen Unterrichtsentwurf und manchmal sogar seine eigene Struktur. Erkundigen Sie sich bei Ihren jeweiligen Fachseminarleitern nach entweder Beispielentwürfen oder Vorgaben für die Struktur des Unterrichtsentwurfs.
Unterrichtsentwürfe folgen nicht zwingend Ihrer persönlichen logischen Reihenfolge der Unterrichtsplanung und stellen auch nicht den Leitfaden zur Planung eines Unterrichts dar. Der Unterrichtsentwurf dient dazu, dass ein Besucher nachvollziehen kann, welche Gedanken Sie sich bei der Planung des Unterrichts gemacht haben. Einem guten Unterrichtsentwurf geht also immer eine gründliche Planung voraus.

6.1 *Unterrichtsreihe und Themen der einzelnen Unterrichtssequenzen*

Die Idee dieser Unterrichtsreihe ist es, beginnend bei den Rohstoffen, den schrittweisen Aufbau organischer Verbindungen zu verstehen und zu sehen, wie sich schlussendlich Makromoleküle in der Natur bilden bzw. in der Industrie gebildet werden. Der Fokus der Kompetenzentwicklung liegt dabei neben dem Fachwissen stark auf dem Erkenntnisgewinn, angereichert mit aktuellen Themen, die vor allem das Thema „Bildung für nachhaltige Entwicklung" aufgreifen. Übungsphasen sind in die einzelnen Unterrichtssequenzen eingebunden.

Stunde	Thema (Inhalt) der Unterrichtssequenz	Angestrebter Kompetenzerwerb
1/2	Erdöllagerstätten und Biogasanlagen	Fachwissen, Erkenntnisgewinn – Nachbau von Erdöllagerstätten und Bau einer Biogasanlage
3/4	Schwarzes Gold oder schwarzes Pech? – Eigenschaften des Erdöls	Erkenntnisgewinn, Bewertung – Experimente mit Rohöl und Salatöl
5/6	Strukturierte Kontroverse zum Thema Fracking	Kommunikation, Bewertung – Erarbeitung des Themas und anschließende Diskussion
7/8	Bausteine der organischen Chemie – die Alkane	Fachwissen, Erkenntnisgewinn – Erarbeitung Aufbau und Systematik mithilfe Molekülbaukasten
9/10	Vom Erdöl zum Treibstoff – Modellbau einer Raffinerie	Erkenntnisgewinn, Fachwissen – Nachbau und Verstehen einer Raffinerie im Modell
11/12	Cracken – Entstehung von Alkenen und Alkinen	Fachwissen, Erkenntnisgewinn – Erarbeitung Aufbau und Systematik mithilfe Molekülbaukasten
13/14	Alkohol nicht nur zum Trinken – Nutzen von Alkoholen	Erkenntnisgewinn, Bewertung – Experimente zu Löslichkeit, Brennbarkeit, Extraktionsvermögen, Kühlwirkung von Ethanol
15/16	Vom Obst zum Wein – Alkoholische Gärung und Destillation	Erkenntnisgewinn, Bewertung – Herstellung eines Gäransatzes und Destillation von Weißwein zu Methanol und Ethanol und Nachweis
17/18	Polyalkohole – Ausflug in die Zuckerausstellung	Kommunikation, Fachwissen – Erarbeitung Eigenschaften von Zucker im Schreibgespräch
19/20	Polyalkohole – noch mehr als Zucker	Erkenntnisgewinn, Fachwissen – Aufbau von Zuckern und Nachweis und Eigenschaften des Glycerins

Stunde	Thema (Inhalt) der Unterrichtssequenz	Angestrebter Kompetenzerwerb
21	***Sauer macht lustig – Essigsäure als Carbonsäure***	***Erkenntnisgewinn, Fachwissen – Entstehung von Essig aus Ethanol und die sauren Eigenschaften des Essigs***
22/23	Vom Alkohol zum Aromastoff	Erkenntnisgewinn, Fachwissen – Veresterung von Alkoholen mit Carbonsäuren
24/25	Kunststoffe Alleskönner? – Eigenschaften von Kunststoffen	Erkenntnisgewinn, Fachwissen – Experimente zu Dichte, Wärmeleitfähigkeit, Brennbarkeit, Verhalten beim Erwärmen, Halogenen
26/27	Vom Erdöl zur Plastiktüte – Polymerisation	Fachwissen, Erkenntnisgewinn – Modellbau mit Molekülbaukasten
28/29	Makromoleküle in der Natur – Stärke und Cellulose	Fachwissen, Erkenntnisgewinn – Nachweis von Stärke und Cellulose und Herstellung von Stärkefolie
30/31	Natur- oder Chemiefaser? – pro und kontra	Bewertung, Kommunikation – Eigenschaften verschiedener Fasern und Pro- und Kontra-Argumentationen
32/33	Klassenarbeit	

6.2 Beispiele für Standards eines Rahmenlehrplans und Konkretisierung

Zu Beginn sollten Sie versuchen, sich auf zwei Kompetenzen zu konzentrieren, die Sie in einer Unterrichtsstunde weiterentwickeln möchten. Dies erleichtert es Ihnen, für Ihre eigene Evaluation zu schauen, ob Sie den geplanten Kompetenzerwerb erreicht haben oder woran Sie ggf. mit den Schülern noch arbeiten müssen.

Standards eines RLP[4]	Stand der Kompetenzentwicklung / angestrebte längerfristige Kompetenzentwicklung	Konkretisierung der Standards für diese Unterrichtssequenz
Erkenntnisgewinn – Die Schüler ... ■ formulieren naturwissenschaftliche Fragen und stellen Vermutungen und Hypothesen auf und prüfen diese. ■ planen und führen experimentelle Untersuchungen durch. ■ interpretieren die Untersuchungsergebnisse und leiten Schlussfolgerungen ab. ■ nutzen geeignete Modelle, um naturwissenschaftliche Zusammenhänge zu erklären.	Die Schüler können bereits Vermutungen zu chemischen Problemen aufstellen und mit einfachen Untersuchungen und Experimenten beantworten. Sie führen die Experimente selbstständig durch und protokollieren zum Teil. Sie setzen schon oft ihr Alltags- und Fachwissen ein, um chemische Fragestellungen zu erklären.	Die Schüler erkennen, dass sich Essigsäure durch Oxidation aus Ethanol bildet. Sie wenden ihr Fachwissen über Säuren an und weisen die sauren Eigenschaften von Essigsäure experimentell nach. Aus den Erkenntnissen schlussfolgern sie auf die Strukturformel von Essigsäure und können die chemische Reaktion benennen. Die Erkenntnis übertragen sie auf Alltagsphänomene und erläutern diese.
Fachwissen – Die Schüler ... ■ begründen den Zusammenhang zwischen Struktur und Eigenschaften von Stoffen und erklären deren Verwendung. ■ beschreiben Stoffkreisläufe in der Natur als Systeme chemischer Reaktionen.	Die Schüler erkennen zum Teil die Struktur von Stoffen anhand ihres Vorwissens. Sie können aufgrund der Eigenschaften von Stoffen auf Verwendungsmöglichkeiten schließen und ihre Erkenntnisse auf die Natur übertragen.	

[5] Rahmenlehrplan Berlin/Brandenburg Teil C Chemie

6.3 Spezielle Unterrichtsvoraussetzungen für diese Unterrichtssequenz

Die Schüler haben in den vorigen Unterrichtssequenzen die Bestandteile des Erdöls herausgefunden und gelernt, wie man sie raffiniert. Im Anschluss haben sie sich die Stoffgruppe der Alkane, Alkene, Alkine erarbeitet und deren Aufbau mithilfe von Molekülbaukästen systematisiert. Als erste sauerstoffhaltige Stoffgruppe der Kohlenhydrate haben sie Alkohole kennengelernt und sowohl Ethanol als auch Zucker experimentell untersucht. Mit der Essigsäure sollen die Schüler nun ein Oxidationsprodukt des Alkohols kennenlernen.
In einer späteren Unterrichtssequenz lernen sie dann, Alkohole und Carbonsäuren zu verestern, um daraus zu schlussfolgern, dass man organische Verbindung miteinander verknüpfen kann und sie dabei ihre Eigenschaften ändern. Weitere und andere Verknüpfungen führen dann zur Polymerisation und damit zu Makromolekülen.

6.4 Individuelle Kompetenzentwicklung der Lernenden

Anforderungsbereich I: Die leistungsschwächeren Schüler sollen am Ende der Unterrichtssequenz gelernt haben, dass Essigsäure die typischen Eigenschaften einer Säure aufweist und aus Wein Essig wird, wenn man ihn an der Luft stehen lässt.

Anforderungsbereich II: Die mittelstarken Schüler weisen die Säureeigenschaften der Essigsäure nach und entwickeln daraus eigene Ideen zum Nachweis des Essigs im Wein. Sie machen erste Interpretationen auf Teilchenebene.

Anforderungsbereich III: Die starken Schüler werden den Nachweis der Säureeigenschaften schnell und eigenständig durchführen und auf Teilchenebene interpretieren. Sie stellen die Reaktionsgleichung der Essigsäuregärung selbstständig auf und interpretieren die Eigenschaften der Carbonsäuren fachsprachlich.

6.5 Fachlicher Schwerpunkt

Der fachliche Schwerpunkt dieser Unterrichtssequenz liegt darin, zu erkennen, dass bei der Oxidation von Ethanol Essigsäure entsteht.
Dafür wurden von den Schülern einige Tage zuvor zwei Experimente vorbereitet.

1. *Süßer Wein wird sauer*

   Ein Gefäß wird mit süßem Wein gefüllt, mit einem Sieb abgedeckt und offen mehrere Tage stehengelassen.

   Erklärung:
   Auf der Oberfläche des Weins entwickelt sich ein durchgehendes dünnes, graues Häutchen, das man von etwaigen runden oder gelben Schimmelflecken deutlich unterscheiden kann. Der Wein ist außerdem sauer geworden. Es ist Essigsäure entstanden. **Essigsäurebakterien**, welche die Haut bilden, haben den Alkohol des Weins mithilfe des Luftsauerstoffs zu Essigsäure oxidiert.

   $$CH_3\text{-}CH_2OH + O_2 \longrightarrow CH_3\text{-}COOH + H_2O$$

2. *Apfelessig*

   Äpfel mit Faulstellen (da hier der Gärungsprozess schneller abläuft) werden mit warmem Wasser übergossen, in dem 2 Esslöffel Zucker gelöst sind. Das Glas wird mit einem Haushaltssieb abgedeckt und an einem warmen Ort aufgestellt.

   Erklärung:
   Nach einigen Tagen hat sich die Flüssigkeitsoberfläche mit einer dünnen, grauen Haut (Kahmhaut) bedeckt, gleichzeitig ist Essig entstanden, der am Geruch und mit Universalindikatorpapier als Säure nachgewiesen wird.
   Zunächst wird der Zucker des Obstes und der Zuckerlösung durch die an den Schalen haftenden Hefen zu Ethanol und Kohlendioxid vergoren:

$$C_6H_{12}O_6 \longrightarrow 2\ C_2H_5OH + 2\ CO_2$$

Der Alkohol wird dann durch Sauerstoff und Essigsäurebakterien aus der Luft zu Essigsäure oxidiert:

$$C_2H_5OH + O_2 \longrightarrow CH_3COOH + H_2O$$

Biochemisch betrachtet sind es meist Acetobacter-Bakterien, die den Alkohol umwandeln. Dabei wird zunächst nur der Alkohol dehydriert und es entsteht Aldehyd:

$$CH_3\text{-}CH_2OH \longrightarrow CH_3\text{-}CHO + 2\ H$$

Eine hydratisierte Form des Aldehyds wird nun ebenfalls enzymatisch dehydriert und es entsteht Ethanol.

Sicherheitsbetrachtung:
Verdünnte Essigsäure verursacht Hautreizungen und schwere Augenreizungen. Beim Experimentieren mit verdünnter Essigsäure ist daher Schutzkleidung zu tragen. Bei Kontakt mit den Augen wird einige Minuten behutsam mit Wasser gespült, bei Berührungen mit der Haut mit viel Wasser gewaschen. Bei anhaltenden Reizungen ist ein Arzt aufzusuchen.

6.6 Unterrichtsmethode

Zur Aktivierung der Schüler wurden bereits in der Unterrichtssequenz zuvor die oben beschriebenen Experimente angesetzt. Die Schüler äußern Vermutungen darüber, welche Reaktion in Wein und Apfel in den letzten Tagen stattgefunden hat.
Um nachweisen zu können, dass beim Stehenlassen an der Luft wirklich Essig entstanden ist, werden zunächst typische Säurereaktionen mit Essigsäure selbstständig in Einzelarbeit nachvollzogen. Dabei können sie je nach Anforderungsniveau und Vorwissen zu unterschiedlich differenzierten Antworten kommen (hier mit * gekennzeichnet).

1. Essigsäure verfärbt den Universalindikator rot.
2. Essigsäure löst Kalkstein. *Bei der Reaktion von Essigsäure mit Kalk entsteht Kohlendioxid.
   $CaCO_3 + 2\ CH_3COOH \longrightarrow CO_2 + Ca(CH_3COO)_2 + H_2O$
3. Essigsäure löst unedle Metalle. *Bei der Reaktion von Essigsäure mit unedlen Metallen entsteht Wasserstoff.
   $2\ CH_3COOH + Mg \longrightarrow Zn(CH_3COO)2 + H_2$

Die Schüler sollen nun selbst entscheiden, mit welcher Reaktion sie den Essig im Wein oder Apfel nachweisen wollen.

Zur Auswertung stellen die Schüler die Reaktionsgleichung für die Darstellung von Essigsäure aus Ethanol auf.

$$H\!-\!\underset{H}{\overset{H}{C}}\!-\!\underset{H}{\overset{OH}{C}}\!-\!H \xrightarrow[-H_2O]{+O_2} H\!-\!\underset{H}{\overset{H}{C}}\!-\!\overset{OH}{C}\!=\!O$$

Als Sicherung wird ein weiteres Experiment der Schüler verwendet, welches ein paar Tage zuvor durchgeführt wurde. Die Schüler haben aus verschiedenen Obstsorten einen Gäransatz hergestellt. Beim Herstellen des Ansatzes kam die Frage auf, warum in dem Gärröhrchen Wasser sein muss, welche aber nicht abschließend beantwortet werden konnte. Ein Gäransatz wird den Schülern gezeigt und die Frage wird noch einmal aufgegriffen. Durch das erarbeitete Wissen können sie nun schlussfolgern, dass zum einen das CO_2 entweichen muss, das beim Gärprozess entsteht, zum anderen aber kein Sauerstoff ins System gelangen darf, da dieser sonst den Alkohol in Essig umwandelt.
Zum Erstellen der Reaktionsgleichung erhalten die starken Schüler lediglich die Formel von Essigsäure, die schwächeren Schüler zusätzlich die Formeln aller anderen Ausgangs- und Reaktionsprodukte, welche sie nur in die richtige Reihenfolge bringen müssen.

Während sich die schwächeren Schüler noch mit dem Nachweis des Essigs und dem Aufstellen der Reaktionsgleichung beschäftigen, können die stärkeren Schüler ihr Wissen in einer Kontextaufgabe anwenden und sich noch zusätzlich mit weiteren Carbonsäuren und den verschiedenen Aggregatzuständen der Carbonsäuren beschäftigen. Diese Aufgabe soll den stärkeren Schülern zeigen, dass es noch mehr organische Säuren als die Essigsäure gibt und dass alle dasselbe Merkmal aufweisen, die -COOH-Gruppe.

6.7 Differenzierung

Differenzierung wird durch unterschiedliche Aufgabenstellungen während der Arbeitsphasen erreicht. Während die einfachen Aufgaben alle Schüler lösen sollen, können sich die stärkeren Schüler im Anschluss an die Aufgaben mit den Sternchen wagen. Die einfachen Aufgaben erfassen die Thematik auf dem Grundniveau, mit den Sternchenaufgaben haben die Schüler die Möglichkeit, komplexere Zusammenhänge zu erfassen. Des Weiteren ist die Auswertung der Nachweisreaktion sowohl auf Grundniveau als auch auf erweitertem Niveau möglich. Schwächere Schüler stellen fest, dass Essigsäure Kalkstein und unedle Metalle löst, stärkere Schüler erkennen, welche Gase sich bilden, und argumentieren auf Teilchenebene. Auf jedem Niveau ist aber die Lösung von Experiment 2 möglich.

6.8 Verlaufsplanung

Die tabellarische Verlaufsplanung ist zum einen eine wichtige Orientierungshilfe für Sie, sie ermöglicht es aber auch Besuchern, Ihrem Unterricht zu folgen. Erfragen Sie am besten in Ihrem Seminar, welche Tabellenform von Ihnen erwartet wird. Häufig finden sich in der Verlaufsplanung folgende Punkte wieder:

- Zeit
- Phase
- geplantes Lehrerverhalten
- erwartetes Schülerverhalten
- Sozialform/Medien

Im Chemieunterricht sollte sich eine gute Unterrichtssequenz im Allgemeinen in 4 Phasen unterteilen:

- Einstieg – macht auf das Thema neugierig
- Erarbeitungsphase – Experimente werden individuell oder in Gruppen durchgeführt
- Auswertung – die Experimente werden individuell oder in Gruppen ausgewertet
- Ergebnissicherung – die Ergebnisse werden im Plenum präsentiert

In der Spalte „geplantes Lehrerverhalten" können Sie auch gern Arbeitsaufträge wörtlich niederschreiben. Nutzen Sie Ihre Verlaufsplanung ruhig als Spickzettel während des Unterrichts, es hilft Ihnen, Ihren eigenen roten Faden wiederzufinden, sollte er Sie einmal während der Veranstaltung verlassen haben.

Zeit	Phase	Geplantes Lehrerverhalten	Erwartetes Schülerverhalten	Sozialform/ Medien
10´	Einstieg	L. informiert über das heutige Ziel und Verlauf.		gUg, Tafelbild
		L. präsentiert 2 Experimente der vorangegangenen Stunden (Wein und Apfel über längeren Zeitraum an der Luft).	S. betrachten Experimente und riechen daran und verbalisieren ihre Beobachtungen.	
		L. notiert Äußerungen der Schüler an der Tafel.	S. formulieren Vermutungen.	

Zeit	Phase	Geplantes Lehrerverhalten	Erwartetes Schülerverhalten	Sozialform/ Medien
20´	Erarbeitungs-phase	L. erläutert die Aufgabe und teilt Arbeitsblätter aus. L. fordert zum selbstständigen Experimentieren auf. L. fragt nach Ideen zum Nachweis der Essigsäure in Wein und Apfel.	S. verbalisieren Fragen zum Arbeitsauftrag. S. experimentieren nach Anleitung, diskutieren ggf. mit anderen S. und/oder L. und notieren ihre Beobachtungen. S. äußern Ideen und testen diese. S. nennen ihre Ergebnisse.	EA/PA Arbeitsblatt Schüler-experiment
10´	Auswertung	L. fordert auf, die Experimente einzustellen und mit der Auswertung zu beginnen. L. fordert auf, die Ergebnisse zusammenzutragen. L. notiert Reaktionsgleichung an der Tafel.	S. werten die Aufgaben zunächst allein oder mit Unterstützung eines Mitschülers, ggf. Lehrers aus. S. benennen Reaktionsgleichung und diskutieren Ergebnisse der weiteren Aufgaben.	EA/PA Arbeitsblatt gUg
5´	Sicherung	L. stellt Göransatz einer der vorangegangen Unterrichtssequenz auf den Tisch. L. fragt, welchen Sinn das Gärröhrchen mit dem Wasser auf dem Göransatz hat.	S. argumentieren mit ihrem erworbenen Wissen der Unterrichtssequenz.	gUg

L. – Lehrer, S. – Schüler, gUg – gelenktes Unterrichtsgespräch, EA – Einzelarbeit, PA – Partnerarbeit

6.9 Diagnosematrix

Die Diagnosematrix hilft Ihnen und Ihren Besuchern, Ihre Schüler besser einzuschätzen. Sie können dies noch unterstützen, indem Sie einen Sitzplan dazu anfertigen. Hinter jeden Schülernamen schreiben Sie dann in Klammern, welchem Anforderungsniveau dieser in der jeweiligen Kompetenz zuzuordnen ist, z. B. Magnus (II/I/II). Magnus läge jetzt in der Kompetenz Erkenntnisgewinn im Anforderungsniveau II (erste Zahl in der Klammer = 1. Zeile, 3. Spalte der Tabelle), in der Kompetenz Fachwissen im Anforderungsniveau I (zweite Zahl in der Klammer = 2. Zeile, 2. Spalte der Tabelle) und seine Unterrichtsbeteiligung ist schwankend (dritte Zahl in der Klammer = 3. Zeile, 3. Spalte der Tabelle).

Unterrichtsbeteiligung ist genau genommen keine Kompetenz, wird aber in einer Diagnosematrix oft mit aufgenommen. So bekommt der Besucher zusätzlich einen Überblick über die Klassendynamik.

	Anforderungsbereiche		
Kompetenzen	**I**	**II**	**III**
Erkenntnisgewinn	Die Schüler stellen Vermutungen zu chemischen Problemen auf, die durch einfache Untersuchungen zu beantworten sind.	Die Schüler entwickeln komplexe Fragestellungen, die durch chemische Untersuchungen zu beantworten sind.	Die Schüler stellen an Beispielen Hypothesen auf und prüfen sie.
Fachwissen	Die Schüler führen Experimente nach Anleitung durch, werten chemische Zusammenhänge aus.	Die Schüler führen Experimente nach Anleitung durch; binden chemische Sachverhalte in übergeordnete Zusammenhänge ein.	Die Schüler planen selbstständig Experimente; binden chemische Sachverhalte in übergeordnete Problemzusammenhänge ein und entwickeln Lösungsstrategien.
Beteiligung	eher gering	schwankend	stets hoch

6.10 Tafelbild

Tafelbilder sollten anschaulich und auf das Wesentliche komprimiert sein. Sie sollen durch Visualisierung den Lernprozess unterstützen.

Dieses Tafelbild geht von einer Doppeltafel aus. Das Tafelbild müssten Sie ggf. für Ihre Tafel anpassen. Bei einer geflügelten Tafel könnten Sie z.B. das Tafelbild auf die geschlossene und geöffnete Tafel übertragen. Auf Tafel 1 stehen von vornherein die Überschrift und die Wörter Beobachtung, Vermutung und Auswertung. Der Rest wird mit den Schülern gemeinsam ergänzt. Ein Feld für Notizen ist bei einem Tafelbild optional. Hier können Sie z.B. Impulse der Schüler hineinschreiben, die Sie sich für einen späteren Zeitpunkt merken wollen.

Auf der Tafel 2 sind bereits die Skizzen für Experiment 1 und 2 gezeichnet und es stehen die Wörter Beobachtung und Auswertung darauf. Der Rest wird auch hier gemeinsam mit den Schülern ergänzt. Da sich Tafel 2 zu Beginn der Stunde unter Tafel 1 befindet, kann diese dann auch erst zur passenden Phase im Unterricht gezeigt werden.

Auf Tafel 1 werden zunächst nur die Beobachtung und die Vermutung zu den beiden Experimenten mit Wein und Apfel notiert. Dies bleibt während der ganzen Stunde sichtbar.

Haben alle Experiment 1 (siehe Schülerarbeitsblatt „Sauer macht lustig – Essigsäure aus Ethanol“, S. 60) abgeschlossen, wird Tafel 2 aufgedeckt und die Beobachtungen werden gemeinsam ergänzt. Die Schüler äußern ihre Ideen für Experiment 2 (siehe Schülerarbeitsblatt, S. 61) und auch diese werden notiert. Sobald vorhanden, wird das Ergebnis für Experiment 2 notiert.

Am Schluss der Auswertung wird nun noch die Reaktionsgleichung auf Tafel 1 ergänzt. Alle Ergebnisse sind nun für alle Schüler sichtbar und können ggf. noch auf den Arbeitsblättern ergänzt werden.

Tafel 1

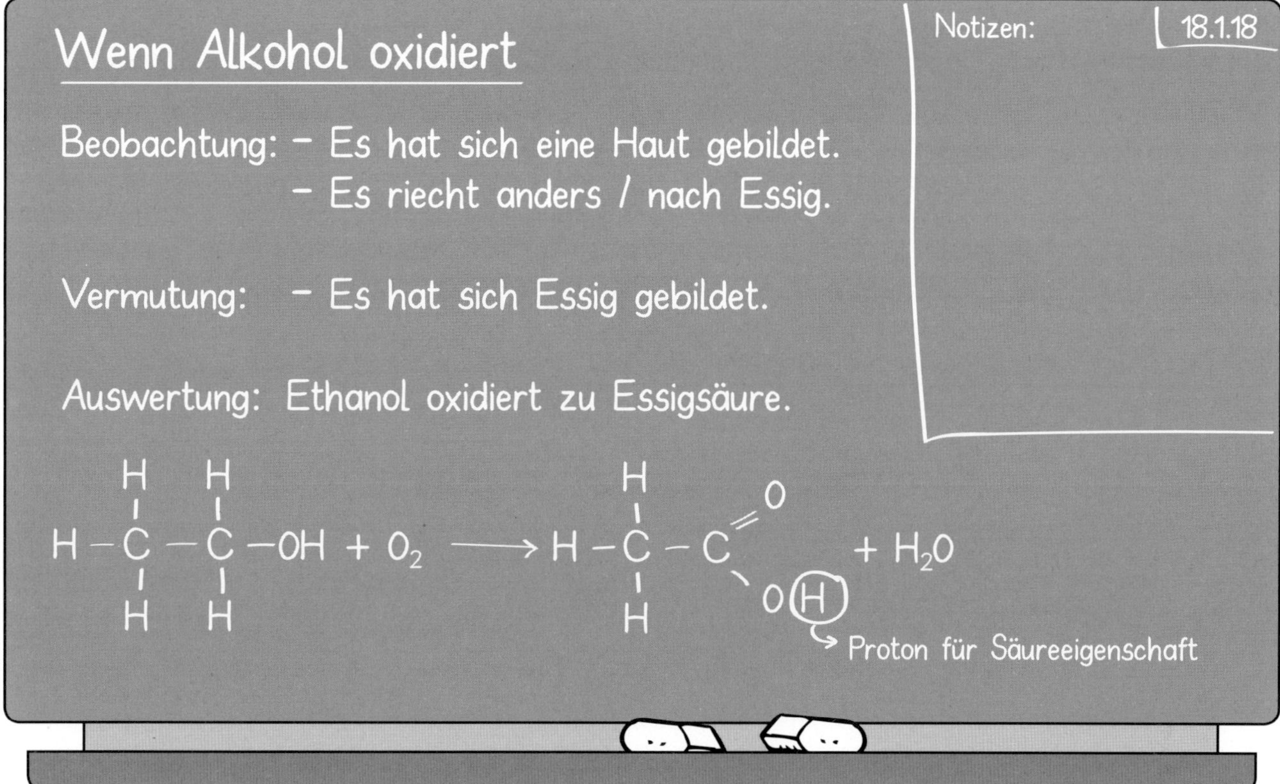

Tafel 2

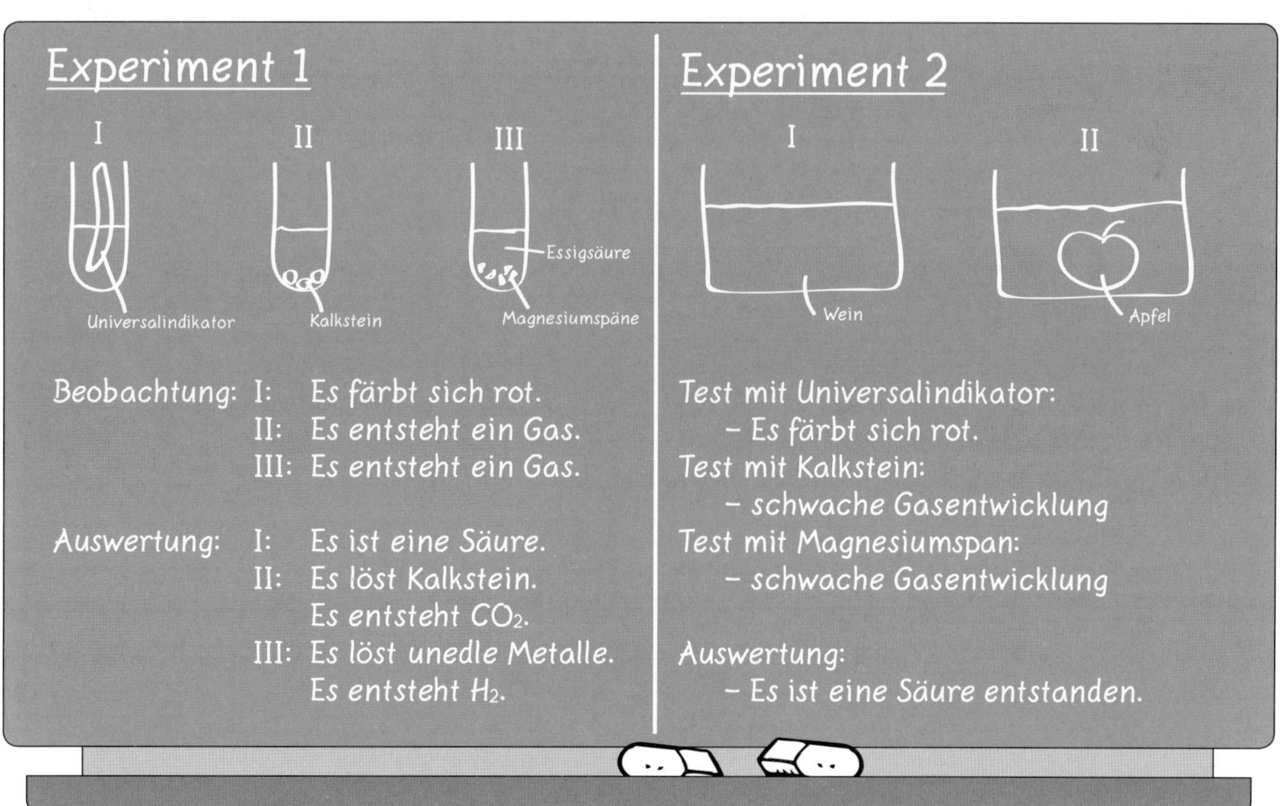

Schülerarbeitsblatt: Sauer macht lustig – Essigsäure aus Ethanol

Arbeitsauftrag: Weise nach, dass Essigsäure die typischen Eigenschaften von Säure aufweist.

Experiment 1

Du brauchst:

3 Reagenzgläser, Reagenzglasständer, Pipette, verdünnte Essigsäure, Universalindikatorpapier, Kalksteine, Magnesiumspäne

Durchführung:

1. Gib in jedes Reagenzglas ca. 5 ml Essigsäure.
   Teste die Essigsäure im ersten Reagenzglas mit Universalindikatorpapier.
   Notiere deine Beobachtung:

   ____

   ____

   ____

2. Gib in das zweite Reagenzglas einen kleinen Kalkstein ($CaCO_3$).
   Notiere deine Beobachtung:

   ____

   ____

   ____

3. Gib in das dritte Reagenzglas ein paar Magnesiumspäne (Mg).
   Notiere deine Beobachtung:

   ____

   ____

   ____

Auswertung:

Leite eine Schlussfolgerung ab: Wie können Säuren nachgewiesen werden?

Experiment 2

Überlege dir nun, mit welchem der eben durchgeführten Experimente du am einfachsten nachweisen kannst, dass es sich bei dem Umwandlungsprodukt des Weines und des Apfels um Essigsäure handelt. Führe diesen Versuch durch.

Auswertung:

1. Wein ohne Konservierungsstoffe, der einige Zeit in einem offenen Gefäß an der Luft gestanden hat, schmeckt sauer und riecht nach Essig. Die Enzyme der Essigsäurebakterien katalysieren die **Oxidation** des im Wein enthaltenen **Ethanols** zu Essigsäure. Den Vorgang nennt man Essigsäuregärung.
   Erstelle eine Reaktionsgleichung zur Essigsäuregärung. Folgende Stoffe sind daran beteiligt:

   Wasser: H_2O — Sauerstoff: O_2

   Ethanol:

   ```
        H      OH
        |     /
   H —  C  —  C — H
        |     |
        H     H
   ```

   Essigsäure:

   ```
        H      OH
        |     /
   H —  C  —  C = O
        |
        H
   ```

   Welches Wasserstoffatom der Essigsäure ist vermutlich für die saure Wirkung verantwortlich? Kreise es farbig ein.

2.* Dein Vater kommt stolz mit einer Flasche Wein nach Hause, die er für 300 € ersteigert hat. Der Wein wurde 1928 abgefüllt und ist ein Jahrhundertwein. Er ist mit einem Korken einer längst geschlossenen Korkeichenplantage in Portugal verschlossenen.
   Da dein Vater weiß, dass du in Chemie immer gut aufpasst, fragt er dich, was er tun soll. Soll er diesen edlen Tropfen mit deiner Mutter zu einem ganz besonderen Anlass zu zweit genießen oder soll er ihn besser weiterverkaufen? Was rätst du ihm? Begründe mit deinen bisherigen Erkenntnissen.

3.* Außer der Essigsäure gibt es weitere sogenannte Carbonsäuren. Carbonsäuren sind organische Säuren, deren Moleküle mindestens eine Carboxylgruppe (-COOH) enthalten.

Im Folgenden sind vier Carbonsäuren aufgelistet. Überlege dir aufgrund der Summenformel, Vorkommen und Verwendung, in welchem Aggregatzustand die Säuren unter Normalbedingungen vorliegen. Notiere deine Überlegung in der Tabelle.

Name	Summenformel	Vorkommen	Verwendung	Aggregatzustand
Methansäure (Ameisensäure)	H-COOH	Verteidigungswaffe von Tieren wie Ameisen u. a., in Brennhaaren der Brennnessel	Putzmittel, Entkalker, Konservierungsmittel, Antirheumatikum	
Butansäure (Buttersäure)	C_3H_7-COOH	in Schweiß, gebunden in Butter	Ausgangsstoff für Aromastoffe, Kunststoffe, Medikamente	
Hexadecansäure (Palmitinsäure)	$C_{15}H_{31}$-COOH	gebunden in fast allen pflanzlichen und tierischen Fetten	Rohstoff für die Seifenherstellung, Ausgangsstoff für Kosmetika	
Octadecansäure (Stearinsäure)	$C_{17}H_{35}$-COOH	gebunden in fast allen pflanzlichen und tierischen Fetten	zur Kerzenherstellung, Ausgangsstoff für Waschmittel und Kosmetika	

7 Schulbücher und sonstige Materialien

7.1 Die Funktion des Schulbuchs

Nach dem Gesetz sind Schulbücher Hilfsmittel, die der Unterstützung des Unterrichts und der Sicherung des Erlernten dienen und fachspezifisch zur Verbesserung der Leseleistung eingesetzt werden sollen. Für viele Lehrer ist das Schulbuch nach wie vor das wichtigste Medium im Unterricht. Ein gutes Schulbuch kann Wissen anschaulich wiedergeben, interessante und differenzierte Aufgabenstellungen liefern und den unterschiedlichen Fähigkeiten und Interessen Ihrer Schüler entgegenkommen. Mit dem Schulbuch können Ihre Schüler sich selbstständig auf Prüfungen vorbereiten oder versäumtes Wissen nachholen. Dabei kann ein Schulbuch den gesamten Unterrichtsstoff eines Schuljahres beinhalten und kann somit Sie als Lehrkraft entlasten. Ihre Aufgabe ist es nun, das Schulbuch zu finden, welches Sie in Ihren Lernzielen unterstützt.

Ob und wann Sie ein Schulbuch im Unterricht einsetzen, bleibt aber letztendlich Ihnen überlassen. Ich empfehle aber so oder so, sich für ein Schulbuch zu entscheiden bzw. auf das Schulbuch zurückzugreifen, für das sich Ihre Fachkonferenz entschieden hat, und die Schüler damit auszustatten, da nach wie vor viele Eltern gern mit ihren Kindern aus einem Schulbuch lernen. Außerdem kann es helfen, besonders am Anfang, Ihren Unterricht über das Schuljahr hinweg zu strukturieren. Halten Sie sich in Ihrem Unterricht zumindest an die Struktur des Schulbuches, so zeigen Sie deutlich Transparenz in Ihrem Unterrichtsverlauf. Sowohl Schüler als auch Eltern kann dieses Wissen sehr entlasten.

Was kann ein Schulbuch sonst noch?

- Es ist meist das für lehrmittelbefreite Schüler und Lehrer einzige kostenfreie Lehrmedium, das zur Verfügung steht. Schulbücher sind die häufigsten Anschaffungen über Lehrmittelfonds.
- Professionell gestaltete farbige Zeichnungen und Bilder können intensiv betrachtet und analysiert werden.
- Skizzen von Versuchsaufbauten, Zahlenmaterial wie Schmelzpunkte, Dichte etc. können direkt entnommen und genutzt werden.
- Diagramme und Tabellen können gelesen und interpretiert werden und nach dem Beispiel selbstständig angefertigt werden.

Es gibt aber auch einige Dinge, die ein Schulbuch nicht kann:

- Die Texte sind meist sehr „trocken“ und „wenig interessant“, weisen meist viele Fachwörter auf und sind für leseschwache Schüler nur sehr bedingt geeignet.
- Die methodische Vielfalt ist oft sehr gering, daher sollte die Unterrichtsplanung nicht vom Buch ausgehen, sondern das Buch an passenden Stellen eingebaut werden. Ansonsten könnte Ihr Unterricht schnell langweilig werden, da Sie sich auf kognitive Lernziele beschränken würden.
- Experimente im Schulbuch dienen oft nur als eine Art Empfehlung und sind hinsichtlich Vorbereitung, Durchführung und Auswertung meist nicht ausreichend ausgearbeitet.
- Schüler, die mehr Lernhilfen und weniger Informationen benötigen, kommen in Schulbüchern oft zu kurz. Die Fülle an Informationen lässt diese Schüler häufig erstarren und die Differenzierung nach unten ist meist schwach ausgeprägt.
- Lernen lernen kommt in fast allen Schulbüchern noch immer zu kurz.

Das richtige und für Sie und Ihre Schüler passende Schulbuch zu finden, ist gar nicht so leicht, aber ein Besuch von Bildungsmessen lohnt sich, da Sie einen Überblick über die Fülle der Literatur auf dem Markt bekommen. Des Weiteren können Sie von vielen Schulbuchverlagen ein Belegexemplar erbitten, um mit Ihren Kollegen in der Fachkonferenz daraus gemeinsam das für Ihre Schule geeignetste Buch herauszusuchen.

7.2 Unterstützende Unterrichtmaterialien

Zusätzlich zu den Schulbüchern empfehle ich, weitere unterstützende Lehrbücher für den Unterricht anzuschaffen. Sprechen Sie auch hier mit Ihrer Fachkonferenz, evtl. gibt es bereits einige Bücher davon an Ihrer Schule, oder im Bücherfond gibt es noch Geld, mit dem auch solche Bücher für den Fachbereich angeschafft werden können. Zu empfehlen sind hierbei besonders Bücher, die die Arbeitsblätter auch zusätzlich digital anbieten, denn es kann von Vorteil sein, die Arbeitsblätter noch einmal speziell an Ihre Schüler und Ihre Unterrichtssituation anzupassen.

Die Fülle an zusätzlichem Unterrichtsmaterial ist enorm und auch hier kann sich ein Besuch z. B. im Schulfachbuchverlag lohnen, die es meist in größeren Städten gibt. Im Folgenden möchte ich nur einen Überblick geben, zu welchen Themenbereichen Sie unterrichtsunterstützende Fachbücher finden können.

7.2.1 Bücher zu Experimenten

Am meisten werden Sie beim Stöbern auf Bücher mit Vorschlägen für Experimente stoßen. Hier können Sie wählen zwischen Experimenten, die knallen sollen, die mit Utensilien aus dem Küchenschrank funktionieren, die sich nur um Kunststoffe drehen, und noch viele viele andere. Für alle Altersstufen ist etwas dabei und somit auch garantiert für Ihre Schüler. Was Sie beim Kauf nur entscheiden müssen, ist, wie viel Arbeit Sie selbst noch in die Vorbereitung hineinstecken wollen. Es gibt tolle Ideen, die Sie aber noch komplett eigenständig in ein Arbeitsblatt umschreiben müssen, bei denen Sie sich selbst noch Gedanken über Einführung, Auswertung und Transfer machen müssen. Es gibt aber auch Bücher, die Ihnen diese Arbeit bereits größtenteils abnehmen. Dafür finden Sie aber natürlich in diesen Büchern eine wesentlich geringere Auswahl an Experimenten. Als Beispiel seien die folgenden beiden Bücher genannt:

Sven Korthaase: Wunderbare Experimente für den Chemieunterricht – Lehrplanthemen effektvoll inszenieren, Auer Verlag, 2017
Das Buch kommt mit Kopiervorlagen und richtet sich am Lehrplan aus.

Anita van Saan: 365 Experimente für jeden Tag, moses Verlag, 2009
Ein Buch mit vielen tollen, kleinen Experimenten, die man vor allem passend zum Wetter und zur Jahreszeit anbieten kann. Diese eigenen sich gut zum Einstieg in ein Thema.

7.2.2 Stationenarbeiten

Es gibt aber auch Bücher, die Ihnen die Planung für eine ganze Unterrichtsreihe erleichtern können. Dabei müssen Stationenarbeiten nicht zwingend in Stationen angeboten werden, sondern Sie können diese auch fortlaufend über mehrere Unterrichtssequenzen nutzen, indem Sie gezielt nur 1 bis 2 Stationen jeweils für den Tag auswählen. Häufig kommen auch Schüler besser damit zurecht, aus einer kleineren Anzahl (maximal 3) Stationen zu wählen, als aus dem gesamten Angebot.
Folgende Bücher sind alle am Lehrplan ausgerichtet und sehr handlungsorientiert:

Tanja Graf: Säuren-Laugen-Neutralisation-pH-Wert – Lernen an Stationen im Chemieunterricht, Auer Verlag, 2018

Wolfgang Wertenbroch: Chemie an Stationen – Übungsmaterial zu den Kernthemen des Lehrplans, Auer Verlag, 2018

Anja Dombrowski: Lernzirkel Fossile Rohstoffe – Handlungsorientierter Chemieunterricht an Stationen, Auer Verlag, 2018

Anja Dombrowski: Lernzirkel Periodensystem und Atommodell – Handlungsorientierter Chemieunterricht an Stationen, Auer Verlag, 2017

7.2.3 Bücher zu Kontexten

Zu Büchern, die auf Kontexten aufbauen, findet man vor allem Themen wie „Versuche aus dem Alltag" und „Supermarktprodukte". Hervorzuheben ist dabei die Reihe „Chemie im Kontext", welche mit insgesamt neun Heften verschiedene Themengebiete des Lehrplans abdeckt. Dabei eignen sich diese Bücher besonders gut, um sich eine Themenreihe zu strukturieren, da die Bücher selbst beginnend vom Basiswissen bis hin zu komplexen Zusammenhängen aufgebaut sind. Zusätzlich wartet das Buch auf mit interessanten Aufgabenstellungen und spannenden Experimenten. Jedoch obliegt die Anfertigung der Arbeitsblätter hier komplett dem Lehrer, aber Inspirationen finden sich genug.

Wem das noch nicht genug ist, dem seien die Bücher von Georg Schwedt ans Herz gelegt. Sie sind sehr „chemisch abstrakt" aufgebaut und die Texte vermutlich auch ausschließlich von Chemikern zu verstehen, aber die Experimentierideen sind toll. Vor allem seine Versuche zu Supermarktprodukten lassen Schüler immer wieder staunen. Auch hier müssen Arbeitsblätter wieder komplett selber erstellt werden.

Reihe: Reinhard Demuth (Hrg.): Chemie im Kontext – Sekundarstufe I, Cornelsen, Berlin, 9 Themenhefte

Georg Schwedt: Experimente mit Supermarktprodukten – Eine chemische Warenkunde, Wiley-VCH, 2008

Heike Frerichs: Chemische Versuche aus dem Alltag – Experimente mit einfachen Mitteln, PERSEN Verlag, 2018
Ein Buch, das auch Arbeitsblätter bietet.

7.2.4 Krimis und Mysterys

Krimis und Mysterys sind sehr zu empfehlen, wenn Sie das Problemlösen Ihrer Schüler fördern wollen. Aber auch Krimis und Mysterys sollten Sie vorher genau auf das Können Ihrer Schüler überprüfen. Häufig sind die Krimis doch sehr einfach und die Schüler könnten dadurch gelangweilt sein, oder aber Ihre Schüler scheitern evtl. an ihrer Lesekompetenz. Bilden Sie hier am besten geschickt leistungshomogene Gruppen und steuern Sie durch eigene Differenzierung ggf. noch einmal nach. Dabei können Sie sich z. B. noch eine zusätzliche Frage für den Detektiv ausdenken oder den Mysterykarten weitere Karten beilegen, die später noch einsortiert werden sollen und ein zusätzliches Mehrwissen abfordern.

Christine Fischer: Kriminell gut experimentieren, Auer Verlag, 2016

Gestine Bertelsen: Ein rätselhafter Todesfall – Aufklärung eines Mordfalles im naturwissenschaftlichen Unterricht, Schneider Hohengehren, 2011

Norbert Pütz: Mysterys im Biologieunterricht – 9 rätselhafte Fälle für den Biologieunterricht, Aulis Verlag, 2013
Leider gibt es kein vergleichbares Buch für den Chemieunterricht, trotzdem ist die Herangehensweise im Buch sehr lehrreich und inspirierend.

7.2.5 Spiele

Spiele passen immer wieder sehr gut zum Einstieg in einen Unterricht, zur Auswertung oder zum Trainieren von Fachbegriffen, Formeln etc. Aber auch für Vertretungsstunden sind Spiele sehr gut geeignet. Mit der Chance auf einen Gewinn steigt die Lernmotivation der Schüler deutlich an. Ein paar Tipps gibt es dafür auch in der Literatur, aber Spiele können Sie auch leicht selbst entwerfen. Webseiten zur Erstellung von Kreuzworträtseln gibt es zahlreich und Sie können hier Ihre eigenen Fachbegriffe unterbringen. Oder Sie nehmen sich ein einfaches Karten- oder Brettspiel und ersetzen Zahlen durch Elementsymbole, Aktionskarten durch Experimente usw. Ihrer Fantasie sind dabei keine Grenzen gesetzt.

Silke Schöps: 66 Spielideen Chemie – einfach, kreativ, motivierend, Auer Verlag, 2018

Reinhard Marticke: Kopiervorlagen Chemie – Spielend Lernen im Chemieunterricht, Aulis Verlag, 2010

7.2.6 Unterhaltungsliteratur

Und dann gibt es diese Tage, wo Ihre Schule beschließt, dass es einen Vorlesetag geben wird. Oder Sie denken darüber nach, was Sie in der letzten Stunde vor Weihnachten machen, oder Sie denken vielleicht auch einfach nur: „Mal was anderes tun“. Wie wäre es denn dann mit einer Geschichte? In dem Buch von Sam Kean finden Sie amüsante chemische Kurzgeschichten, die vielleicht etwas Erklärung benötigen, aber die, evtl. gepaart mit einem kleinen Experiment, für Unterhaltung sorgen können. Die Biografie von Marie Curie können Sie auch als immer wiederkehrenden Stundeneinstieg für die Zeit verwenden, in denen Sie das Atommodell behandeln wollen. Meist sind die Schüler sehr gespannt, wie es wohl weitergeht, und genießen das Abtauchen in die Vergangenheit der Chemie für ein paar Minuten.

Sam Kean: Treffen sich zwei Elemente – Verblüffende Geschichten aus der Welt der Chemie, Fischer, 2013

Luca Novelli: Marie Curie und das Rätsel der Atome, Arena Verlag, 2008

8 Und wenn mal alles nicht so läuft, wie es soll ...

Manchmal läuft einfach gar nichts, wie man es sich vorstellt. Alles ist einfach nur noch schlimm, nichts funktioniert, die Ferien sind noch zu weit weg, die Schüler viel zu anstrengend ... Versuchen wir doch einmal, uns das Problem zu erschließen.

1. Betrachten Sie die Situation einmal aus verschiedenen Entfernungen (z. B. aus dem Nachbarzimmer, aus dem Bäcker um die Ecke, aus Ihrem Wochenendhäuschen, aus Ihrem Urlaub auf Mallorca ...). Was sehen Sie aus den verschiedenen Blickwinkeln?

   5 m

   ____

   ____

   ____

   500 m

   ____

   ____

   ____

   50 km

   ____

   ____

   ____

   5 000 km

   ____

   ____

   ____

2. In welcher Sichtweise fühlen Sie sich am gelassensten? Bleiben Sie dabei.

   ____

3. Stellen Sie sich vor, Sie hätten das Problem bereits gelöst. Wie würde die Situation in 3 Monaten, in 1 Jahr, in 3 Jahren aussehen?

3 Monate

1 Jahr

3 Jahre

4. Was hat sich ganz konkret für Sie und Ihr Umfeld nach dieser Zeit verbessert?

5. Was würde Ihnen passieren, wenn sich das Problem nicht löst? Wie wirkt sich das auf Sie aus?

6. Denken Sie zurück: Gab es irgendwann in den letzten Tagen, Wochen, Monaten Ausnahmen in denen es perfekt lief? Notieren Sie diese Situationen.

7. Gehen Sie noch einmal gedanklich die Situationen aus Punkt 6 durch. Was haben Sie in diesen Situationen getan, was Sie sonst nie tun?

8. Was haben Sie nicht getan, was Sie sonst immer machen?

9. Was haben Sie anders gemacht?

10. Wie haben Ihre Schüler, Kollegen ... darauf reagiert?

11. Wie haben Sie selbst darauf reagiert?

12. Welche Hindernisse gibt es, dass diese Situation nicht oder nur selten eintritt?

13. Wer könnte diese Hindernisse aus dem Weg räumen?

14. Denken Sie an typische Situationen, die Sie immer wieder erleben und die eine äußerst positive Wirkung auf Sie und Ihr Umfeld haben. Was tun Sie in dieser Situation? Wie sprechen Sie? Wie bewegen Sie sich? Wie fühlen Sie sich? Was denken Sie? ...

15. Daraus ableitend: Welche Ressourcen sehen Sie in sich, auf die Sie zurückgreifen können, um die Hindernisse aus dem Weg zu räumen?

16. Was könnten mögliche Lösungswege sein, um aus der Situation herauszukommen?

____

____

____

____

____

____

17. Schauen Sie sich Ihre Ideen noch einmal an. Was können Sie ganz konkret tun? Planen Sie jetzt Ihre Handlungsschritte.

____

____

____

18. Bis wann?

____

____

____

19. Wem erzählen Sie genau jetzt von Ihrem Lösungsweg? Vielleicht einer Person, die Sie anspornt, diesen auch zu beschreiten und mit Ihnen später die Situation gemeinsam auswertet?

____

____

____

Starten Sie jetzt in diesem Moment!

Weiterführende Literatur

Kapitel 1:

Zusammenstellung von Selbstprüfungen der eigenen Lehrereignung:
https://www.km.bayern.de/lehrer/lehrerausbildung/eignungstests.html

Naturwissenschaftliche Initiativen, die mit Ehrenamtlichen und Honorarkräften arbeiten:
Bsp. Initiativen in Berlin
www.horizontereignis.de
www.mint-impuls.de
www.intellego.de
Schülerlabore in ganz Deutschland
https://www.think-ing.de/paedagogen/mint-erleben/schuelerlabore
Projekte in Bürgerstiftungen
https://www.aktive-buergerschaft.de/buergerstiftungen/buergerstiftung-finden/

Reich/Voß: Pädagogischer Konstruktivismus: Lernzentrierte Pädagogik in Schule und Erwachsenenbildung, Beltz, 2005

Hattie: Lernen sichtbar machen für Lehrpersonen, Schneider Verlag, 2017

Kapitel 2:

Arbeitsblätter mit zusätzlichen Videoanleitungen: https://lncu.de/?

Professor Blumes unzählige Experimente: http://www.chemieunterricht.de/dc2/

Verband der chemischen Industrie: https://www.vci.de/fonds/schulpartnerschaft/unterrichtsfoerderung/seiten.jsp

Protokollfächer der iMINT-Akademie:
https://www.google.com/url?sa=t&rct=j&q=&esrc=s&source=web&cd=2&cad=rja&uact=8&ved=2ahUKEwjD2ZHRtcjfAhVPp4sKHdtxBwwQFjABegQIAxAC&url=https%3A%2F%2Fmedienportal.siemens-stiftung.org%2Fdownload%2F109210&usg=AOvVaw3sGldZNHp28N5UTylYK5oW

Kapitel 3:

Methodenbox für den Chemieunterricht: https://www.schulentwicklung.nrw.de/materialdatenbank/material/view/2462

Wie das Verwenden von Mysteries das Lernen in den Naturwissenschaften unterstützen kann:
http://www.idn.uni-bremen.de/chemiedidaktik/temi/TEMI%20Guidebook%20Deutsch.pdf

Aspekte des unterrichtlichen Einsatzes von Experimenten:
http://www.chemie.uni-mainz.de/LA/pdf/M7_3_Einsatz_Experiment.pdf

Prof. Blumes Bildungsserver für Chemie: http://www.chemieunterricht.de

Methodensammlung für Referenten/-innen (vieles auch in der Schule verwendbar):
http://www.epiz-berlin.de/wp-content/uploads/2013-Methodensammlung-fu%CC%88r-Referent_innen.pdf

Kapitel 4:

Beschlüsse der Kultusministerkonferenz – Bildungsstandards im Fach Chemie für den Mittleren Schulabschluss (Jahrgangsstufe 10) (2005), herausgegeben vom Sekretariat der Ständigen Konferenz der Kultusminister der Länder in der Bundesrepublik Deutschland
online: https://www.kmk.org/fileadmin/Dateien/veroeffentlichungen_beschluesse/2004/2004_12_16-Bildungsstandards-Chemie.pdf

Robert Stephani (2007): Bildungsstandards Chemie – Konkretisierung der Bildungsstandards und Kompetenzbereiche an Beispielen für den Chemieunterricht, Empfehlungen für die Umsetzung der KMK-Standards Chemie S I, Herausgeber: MNU Deutscher Verein zur Förderung des mathematischen und naturwissenschaftlichen Unterrichts e.V., Verlag Klaus Seeberger, S. 19 ff.
online: https://www.mnu.de/images/PDF/fachbereiche/chemie/bildungsstandarfs_kompetenzbereiche_2006.pdf

Kapitel 5:

Classroom-Management:
Hoegg, Günther (2012): Gute Lehrer müssen führen, Beltz Verlag, Weinheim Basel
Eichhorn, Christop (2018): Classroom-Managment, Klett-Cotta Verlag, Stuttgart

Nicht jede schwierige Situation ist ein Problem: https://www.beltz.de/fachmedien/paedagogik/zeitschriften/paedagogik/themenschwerpunkte/umgang_mit_schwierigen_schuelern.html

Leichte Sprache:
www.leichte-sprache.de
www.dyslexiefont.com
www.hurraki.de

Gruppenbildung: https://www.hueber.de/media/36/Gruppen-bilden.pdf

KMK 1999: https://www.kmk.org/fileadmin/Dateien/pdf/PresseUndAktuelles/2000/sopale.pdf

Lernaufgaben:
Josef Leisen: Lernprozesse mithilfe von Lernaufgaben strukturieren, Unterricht Physik_2010_Nr. 117/118, S. 9–13, 2010
(http://www.josefleisen.de/downloads/lehrenlernen/02%20Lernprozesse%20mithilfe%20von%20Lernaufgaben%20strukturieren%20-%20NiU%202010.pdf)

Beispiellernaufgabe vom Bildungsserver Berlin-Brandenburg im Fach Chemie
https://bildungsserver.berlin-brandenburg.de/fileadmin/bbb/rlp-online/Teil_C/Chemie/C2/Aufgaben/Lernaufgaben/Lernaufgabe_Chemie_Hefen_-_chemische_Helfer.docx

ETEP: http://www.etep.org/

Sprachsensibler Unterricht:
Christian Herdt, Petra Wlotzka (2018): Sprachsensibel unterrichten, Unterricht Chemie Nr. 168/2018

Kapitel 6:

Unterrichtssequenzen zum Fach Chemie der ETH Zürich: http://www.educ.ethz.ch/unterrichtsmaterialien/chemie.html

Ausgewählte Unterrichtssequenzen für Sek I und II: http://www.ps-chemieunterricht.de/

Allgemein:

Vera F. Birkenbiehl: *Stroh im Kopf – Vom Gehirn-Besitzer zum Gehirn-Benutzer*, mvgverlag München, 2018

Gislinde Bovet, Volker Huwendiek: *Leitfaden Schulpraxis – Pädagogik und Psychologie für den Lehrberuf*, Cornelsen, Berlin, 2014

Andreas Böhm, Martin Häfner, Gregor von Borstel: Referendariat Chemie – Kompaktwissen für Berufseinstieg und Examensvorbereitung, Cornelsen, Berlin, 2017

Christiane S. Reiners: Chemie vermitteln – Fachdidaktische Grundlagen und Implikationen, Springer, Spektrum, 2017

Hans-Dieter Barke: Chemiedidaktik – Diagnose und Korrektur von Schülervorstellungen, Springer, 2006

Andreas G. Harn: 55 Methoden Chemie – einfach, kreativ, motivierend, Auer Verlag, 2017

Kerstin Michalik: Wie wäre es, einen Frosch zu küssen? – Philosophieren mit Kindern im Grundschulunterricht, Westermann, 2006 (Hinweis: Auch wenn das Buch für den Grundschulunterricht geschrieben ist, eignen sich die Methoden und die Herangehensweise für die Sekundarstufe und einige Themen können einen guten Stundeneinstieg abgeben.)

Abbildungsnachweise

Fotos

S. 29: Hefeteig und Hefekranz: www.pixabay.com

S. 32: Rosinenbrot, Hefezopf, Mürbegebäck, Brötchen: www.pixabay.com,
Brioche: CC BY-SA 3.0, https://commons.wikimedia.org/w/index.php?curid=485645,
Kekse: SKopp – Eigenes Werk, CC BY-SA 3.0, https://commons.wikimedia.org/w/index.php?curid=31609418

S. 34: Hefewürfel: Hellahulla – Eigenes Werk, CC BY-SA 4.0, https://commons.wikimedia.org/w/index.php?curid=3141947,
Becherglas: Freddyz, CC BY-SA 3.0, https://commons.wikimedia.org/w/index.php?curid=900209,
Glasstab: Cornelia Meyer,
Pipette: By Gmhofmann – Own work, CC BY-SA 3.0, https://commons.wikimedia.org/w/index.php?curid=17344783,
Objektträger und Deckglas: Szocs TamásTamasflex – Eigenes Werk, CC BY-SA 3.0, https://commons.wikimedia.org/w/index.php?curid=7415587
Mikroskop: www.pixabay.com

S. 35: Gärrohr: CC BY-SA 3.0, https://commons.wikimedia.org/w/index.php?curid=522060,
Reagenzglas: www.pixabay.com,
Becherglas, Hefe: siehe S. 34,
Zucker: Poyraz 72 – Eigenes Werk, CC BY-SA 4.0, https://commons.wikimedia.org/w/index.php?curid=42449204,
Thermometer, Waage: www.pixabay.com,
Wasserkocher: Fst76 – Eigenes Werk, CC BY-SA 3.0, https://commons.wikimedia.org/w/index.php?curid=32488268,
Messzylinder: Nadine90 – Eigenes Werk(dzieki wspólpracy ze szkola fotograficzna – Fotoedukacja / in cooperation with the school of photography – Fotoedukacja), CC BY-SA 3.0, https://commons.wikimedia.org/w/index.php?curid=18691743,
Stoppuhr: Stefan (Diskussion).Original uploader was StefanPohl in der Wikipedia auf Deutsch – Eigenes Werk, Gemeinfrei, https://commons.wikimedia.org/w/index.php?curid=23047180

S. 38: Hefeteig: s. S. 29

Zeichnungen

S. 17, 35, 59: Satzpunkt Ursula Ewert GmbH

Jederzeit optimal vorbereitet in den Unterricht?

»